건축가를 꿈꾸는 20대를 위한

프로 건축가가 되는 길

야마나시 토모히코 저　　김 명 근 역

기 문 당

한국어판 출판에 즈음하여

이 책은 '건축의 프로'를 목표로 공부하고 있는 일본의 학생이나 건축가 지망생을 위해 쓴 책으로, 내가 건축가로서 25년 이상의 기간에 걸친 닛켄설계에서의 경험을 기초로 하고 있다.

일본의 상황에 맞춰져 있기 때문에 부분적으로는 한국의 실정에 맞지 않은 부분도 있겠지만, 굳이 한국어판 출판의 승인을 받은 것은 다음과 같은 생각이 떠올랐기 때문이다.

본래 건축은 경험과 지역성이 깊게 반영되기 때문에 교육의 방법도 일하는 방법도 나라에 따라 다른 점이 많은 직업이다. 그러나 국제화 시대가 되어 우리 건축의 프로도 지역차를 넘어 움직일 필요가 있었다. 나 역시 중국이나 중동에서 실제 프로젝트를 경험하는 과정에서 느낀 것은 타국의 건축교육이나 방법의 특징을 비교함으로써 자국에서는 미처 알지 못했던 일본의 건축교육, 일의 진행방식, 그리고 스스로 건축의 프로로서의 아이덴티티의 이해를 명확히 할 수 있었다는 것이었다.

이 책은 한국에서 건축을 공부하기 시작한 사람이나 프로로서 일하기 시작한 사람에게는 일본과의 교육방법이나 업무진행방법과의 비교를 통해 자국의 건축교육이나 업무 진행방식의 특징을 깊게 이해하는 데 도움이 될 것이라고 생각한다. 만약 일본으로의 유학을 생각하고 있는 사람이라면 일본 교육시스템의 실질적인 내용을 이해하는 데 도움이 될 것이라고 생각한다.

또 학생에 한하지 않고 일본의 건축관련 사업과의 교류를 도모하고자 생각하고 있는 분들에게도 일본의 건축사업의 개요를 이해하는 데 도움이 될 것이라고 생각한다. 사실 일본에서도 건축가를 상대로 사업을 하는 재료 제조업체, 모형회사, CG회사, 소프트웨어 회사 등에서 노력하는 사람들이 이 책을 구입하여 '건축가나 건축의 프로는 어떻게 사물을 생각하는 것일까'를 이해하는 데에 도움이 되고 있다고 한다.

앞으로는, 이른바 업무가 국제화를 향해 나아가 건축 프로의 업무도 확실하게 글로벌화를 지향하게 될 것이다. 특히 요즘 세계정세에서는 경제의 중심이 아시아로 옮겨올 가능성이 매우 높기 때문에 한국, 중국, 일본은 그 핵심적인 존재가 되어 상호 교류가 점점 깊어질 것임에 틀림없다고 생각한다. 이 책이 건축이라는 전통과 지역성, 경험을 바탕으로 뿌리내린 건축 분야에 있어서 아시아 각국을 상호 이해하는 데 조금이라도 도움이 되기를 기원한다.

야마나시 토모히코

프롤로그

1. 프로 건축가가 되고 싶은 사람들을 위해

이 책은 '건축일이 하고 싶다!'고 생각하기 시작한 고교생부터 실제로 건축디자인을 전문대학이나 대학교에서 배우기 시작한 학생, 그리고 이제 막 프로의 세계에 뛰어든 사람들을 위한 책이다.

'건축가'란, 대단히 숭고한 영향을 가진 직업이고 학교에서도 그렇게 배울 것이다. 수많은 건축잡지와 사진집의 유명 건축가의 '작품들'은 언뜻 보기에는 화려해 보인다.

하지만 건축의 대부분은 이러한 스타 건축가와는 다른 평범한 건축가에 의해 지탱되고 있다. 수수하지만 윤리감과 책임감을 가지고 '프로 건축가'로서 착실하게 일을 하고 있다. 사실은 스타 건축가 중에도 처음에는 이런 수수한 곳에서부터 경험을 시작한 사람도 있다.

현대는 정보화 사회다. 건축잡지는 물론이고 인터넷에도 유명한 작품과 건축가의 정보는 넘치고 있고, 얼마든지 손에 넣는 것이 가능하다. 그러나 프로가 되기 위한, 그리고 프로로서의 최소한의 지식을 모은 매뉴얼이나 정보를 얻기란 쉽지가 않다. 그래서 '프로 건축가'를 목표로 하는 사람을 위한 '매뉴얼 역할을 할 수 있는 책'을 만드는 것이 이 책의 목적이다.

2. 실무, 강의, 매뉴얼

나는 일에 관계된 노하우와 지식의 전수는 내용에 따라 '3가지 방법'으로 나눌 수 있다고 생각하고 있다.

첫 번째는 실무에 의한 지식의 전수이다.

실무에서 필수불가결한 지혜나 정보의 대부분은 업무를 통해서 보고 따라하는 것으로 전해줄 수밖에 없다. 건축에 관계되는 지식의 대부분은 이러한 방법만으로 전수할 수 있는 부류인 것이다. 이것은 건축디자인의 본질이 창조적인 행위이고 마이클 폴라니(Michael Polanyi)[1)]가 말한 '암묵지(暗默知)'에 밀접하게 관계되는 것이기 때문일 것이다. 이런 유의 지식은 매뉴얼화하는 순간 본질이 상실되고, 또 강의로 전달하는 것도 어렵기 때문에 실무의 장에서만 전수가 가능한 것이다.

두 번째는 강의에 의한 지식의 전수이다.

암묵지가 충분히 성숙해져 일반화된 지식은 체계적으로 정리할 수 있다. 철학이 그 시작이고 과학이 그 최첨단일까. 서적에 의한 지식의 전수도 이것으로 분류할 수 있을 것이다. 건축에도 건축학이라는 지식의 체계가 있고, 학교에서의 교육은 그 체계 속에서 디자인교육을 하고 있다고도 말할 수 있다.

세 번째는 매뉴얼에 의한 지식의 전수이다.

여기서 전수되는 것은 지식이라는 것보다도 노하우나 팁(tips)에 가까운 것이다. 두 번째의 체계화된 지식에 비해 깊이가 부족하고 첫 번째의 암묵지에 비해 현장감이 뒤떨어지기 때문에 학교 교육 속에서는 '창조성이 결여된다'는 이유로 현장감이 배제되는 경향이 있다.

1) Michael Polanyi
1891~1976 헝가리의 과학자이자 철학자. 대표 저서인 『암묵지의 차원』에서 암묵지의 개념을 제시했다.

3. 기초적 능력, 리터러시(Literacy)의 부족

본래 실무에 의한 '암묵지[2)]의 전달'은 강의에 의한 '지식체계의 전수'만을 통해 건축에 관계되는 지식의 전수로 시간을 들이는 것 이상이다. 그러나 재학 중 학교에서 배우는 것에 비해 실무에서 배워야만 하는 사항이 훨씬 많으며, 그만큼 이상과 현실의 사이에는 큰 괴리가 있는 것이다.

나도 몇 군데의 학교에서 강사로서 소임을 맡고 있지만 학생의 도면작성 수준(skill)을 보면 한심스럽다는 생각이 들 때가 자주 있다. 대학 3학년이 되면 도면을 그리는 최소한의 리터러시는 이미 터득하고 있으면 좋으련만 많은 학생들은 기본적인 표현조차 적절하게 하지 못한다.

이러한 상황을 보고 실무 계통에서는 도면 표현력 등의 건축디자인의 리터러시[3)]에 대해 대학에서 교육해야만 한다는 목소리도 나오고 있다.

하지만 나는 대학처럼 지식을 체계적으로 배울 수 있는 장소에서 기초적인 스킬이나 리터러시의 획득에 많은 시간을 할애하는 것에는 반대다. 건축디자인의 전체적인 수준을 끌어올리기 위해서는 오히려 학교에서 지식의 체계를 철저하게 학생에게 주입시킬 필요가 있다고 생각하기 때문이다.

2) 암묵지
원래는 Michael Polanyi가 보여준 개념으로, 말로는 표현할 수 없지만 복잡한 사물을 암묵 속에서 완수하는 지식을 가리킨다.
현재, 암묵지로 널리 알려져 있는 것은 이 개념을 경영학자인 히토츠바시대학의 명예교수 노나카 유치로가 확장한 것으로 경험이나 감각에 기초한 지식을 가리킨다. 한편, 정형화된 말로 정리할 수 있는 지식은 '형식지'라고 불린다. 강의로 할 수 있는 지식이란 이 형식지라고 생각해도 좋을 것이다. 참고서적은 『지식창조기업』(도요경제신문사).

3) 리터러시(Literacy)
원래는 언어에 의해 읽고 쓸 수 있는 능력을 가리키지만 확장되어 어떤 일에 대한 기초적인 능력을 의미하고 있다. 건축디자인의 리터러시란, 건축디자인을 하는 데 있어서 스케치나 도면을 그리는 능력 등을 의미한다.

그렇다면 기초적 리터러시는 어떻게 해야만 하는가. 이거야말로 확실히 '적절한 매뉴얼'을 준비하면 충분하다고 생각하고 있다. 도면 그리는 방식 등 기초적인 스킬의 습득은 적절한 매뉴얼만 있으면 자기학습으로 충분한 노하우를 획득할 수 있을 것이다. 노하우를 자력으로 습득할 수 있다면 대부분의 시간을 지식체계의 학습이나 설계연습에 있어서 암묵지의 획득에 투자할 수 있다.

매뉴얼은 창조적인 것이라고는 말할 수 없지만 본래 배워야 하는 문제에 시간을 할애하기 위해 기초적인 스킬을 몸에 익히기 위한 것이라고 생각하면 나쁘다고는 말할 수 없을 것이다.

4. 본서의 구성

본서는 이러한 사고방식에 기초를 두어 우리 팀에 들어온 신입사원이나 아르바이트학생에 대해서 평소 내가 누차 말해온 잔소리를 모은 것이다. 단, 내가 혼자서 매뉴얼화 할 수 있는 부분은 한정적이어서 건축의 폭넓은 영역을 전부 망라해서 정리할 수는 없었다.

이 책이 학생이나 건축가의 시작 단계인 여러분에게 도움이 되어 다음에는 여러분이 본서를 다시 정리하고 업데이트해서, 머지않아 건축영역의 대부분을 보완한 매뉴얼 성격의 책으로 진화를 이루어갈 것을 기대하고 있다.

이러한 의도에서 본서의 기본구성은 어디에서라도 지금 필요한 항목에서 노하우를 골라 읽을 수 있는 형식으로 되어 있다. 또 상세한 정보나 재료에 관련된 책 등에 접근하기 위한 인덱스로 사용될 수 있도록 관련 도서 등의 정보를 최대한 많이 그리고 최대한 본문의 내용에 가깝게 접근하도록 철저히 했다.

자, 다소 긴 프롤로그는 이쯤으로 하고 본문으로 가자.

야마나시 토모히코

역자 서문

본서는 대학교 건축학과 학생이나 이제 막 사회에 진출한 사회인에게 도움을 주기 위한 가이드로, 본서에서의 프로 건축가란 건축설계자, 구조, 설비관련 엔지니어 등 건축에 관련된 여러 직종의 책임자 역할을 하고 있는 소장 혹은 전문가를 뜻하고 있다.

저자 야마나시 토모히코는 일본 거대 설계조직 닛켄설계에서 설계부문 대표를 맡고 있으며 건축설계 및 디자인은 물론이고 BIM을 활용한 설계, 이를 활용한 프레젠테이션 등 다양한 경험을 가지고 있는 프로 건축가이다.

이 책은 저자가 지금까지 건축설계를 해오면서 느낀 것들과 경험을 바탕으로 후학들이 건축을 즐기며 공부할 수 있는 방법과 자신의 진로를 어떻게 설정하면 좋은지에 관해 진솔하게 정리한 책이다.

나 역시 수년간 대학에서 강의를 해오면서 학생들의 많은 고민을 상담해보았다. 특히나 요즘처럼 건축경기가 어려운 시기에 학생들의 진로 고민부터 자신이 왜 건축을 공부하고 있는지에 관한 근본적인 목적까지 흔들리고 있는 등 많은 고민들을 가지고 오지만, 명쾌한 대답을 해주지 못해 답답했던 적이 많았다. 그러던 중 저자로부터 본서를 번역해 달라는 메일을 받게 되었고 학생들에게 조언을 해줄 수 있는 좋은 책이 될 것이라는 확신하에 흔쾌히 한국어판을 출간하게 되었다.

본서의 구성은 총 6개의 장으로 구성되어 있다.

1장에서는 건축이라는 프로젝트에 관련된 사람들의 역할과 일반적인 프로세스의 흐름에 관해 기술하였으며, 2장에서는 학교교육에 연계해 건축을 배울 수 있는 다양한 방법에 대해 소개하고 있다. 3장에서는 과제, 도면작성 및 데이터 정리에 관한 저자의 노하우를, 4장에서는 실무에서 접하게 되는 업무에 관해 정리했다. 5장에서는 자신의 건축을 세상에 알리는 방법에 대해, 그리고 마지막으로 6장에서는 한걸음 더 나아갈 수 있는 발전을 위해 앞으로 어떤 공부를 어떻게 할 것이며, 자신의 진로를 어떻게 개척해 나가면 좋을 것인지에 관한 조언으로 마무리되어 있다.

본서는 건축에 관심을 가지고 건축관련 대학에 입학을 고민하는 예비신입생부터 어느 정도 경험을 쌓고 이직을 고민하는 실무자를 대상으로 하고 있다. 건축을 배워나가는 일반적인 순서대로 정리되어 있지만 굳이 순서를 지키지 않고 관심이 가는 부분부터 읽어 나가도 괜찮은 내용들로 구성되어 있다.

이 책에 사용된 전문용어, 법규관련 내용, 업계의 분위기 등은 국내 실정과는 다소 다른 부분이 있어 생소할 수도 있지만, 반대로 일본의 건축교육이나 실무시스템에 대해 접할 수 있다는 데 도움이 될 수도 있을 것이다. 이 책을 접하는 독자 중 건축에 처음 발을 내딛는 건축 초년생이 많을 것이라 생각하여 원문의 내용을 흩트리지 않는 한도 내에서 최대한 쉽게 전달하고자 노력하였다. 부디 많은 학생들이 본서를 통해 건축과 친근해지고 자신의 미래를 열어가는 다양한 진로 및 가능성을 찾아가는 데 도움이 되었으면 좋겠으며, 원문 전달상 부족한 부분은 넓은 마음으로 이해해주길 바란다.

끝으로 여러 어려운 여건에서도 출간에 흔쾌히 동의해주신 기문당 강해작 사장님 이하 편집부 여러분과 EREZ건축사사무소 및 (주)코스펙빔테크의 동역자들, 응원해주신 경민대학의 교수님들과 공주대학교의 고인룡 교수님, 사랑하는 가족, 그리고 시종을 함께 해주신 하나님께 감사드린다.

2014년 1월

EREZ건축사사무소에서

김명근

차 례

제 1 장 건축과 우리들이 서 있는 위치

Section

1-1 '건축'을 학교에서 배우는 의미 17
1-2 건축학이란 무엇인가? 19
1-3 학교에서 배우는 건축디자인 22
1-4 건축은 혼자서 설계할 수 없다 24
1-5 여러 가지의 건축디자인 업무 27
1-6 건축은 누가 만드는가? 32
1-7 설계부터 준공까지의 흐름 36
1-8 건축, 건축가, 건축디자인이란 무엇인가? 39

제 2 장 건축을 배운다

Section

2-1 멘토를 찾자 45
2-2 가장 먼저 읽는다면 이것이다 47
2-3 건축을 추구한다면 이것이다 50
2-4 실무로서의 건축을 한다면 이것이다 53
2-5 최신 정보를 배운다면 이것이다 56
2-6 프로에 있어서도 중요한 전문지 정보 59
2-7 건축가의 사상에 직접 접한다 64

2-8 건축이란 경험하는 것이다 67
2-9 건축을 기억에 새겨 넣자 72
2-10 여행은 최고의 건축수행이다 77
2-11 건축가의 일터로 찾아 들어가라... 그 첫 번째 81
2-12 건축가의 일터에 찾아 들어가라... 그 두 번째 83
2-13 건축에 관해서 조사해라 85
2-14 코어 스킬을 몸에 익히자 87

제 3 장 | 설계과제, 프로젝트에 도전한다

Section
3-1 프로젝트를 파악한다 93
3-2 부지를 파악한다 95
3-3 관련법규를 조사한다 97
3-4 유사시설은 적당한 교재이다 99
3-5 프로그래밍이란 무엇인가 103
3-6 수평조닝과 수직조닝 107
3-7 즐기는 것이 생명인 브레인스토밍 111
3-8 같은 스케일(same scale)로 생각한다 117
3-9 콘셉트(concept)를 세운다 119
3-10 다이어그램을 그리자 121
3-11 스케치를 그린다 123
3-12 얼터너티브(ALT)를 생각한다 125
3-13 체크와 피드백 127
3-14 도면을 그린다... 그 첫 번째 129
3-15 도면을 그린다... 그 두 번째 131
3-16 도면을 그린다... 그 세 번째 137
3-17 도면을 그린다... 그 네 번째 141

3-18 도면을 그린다... 그 다섯 번째 145
3-19 스터디 모형을 만든다 149
3-20 사진을 촬영한다 151
3-21 사진을 약간 가공한다 158
3-22 프레젠테이션을 모은다 162
3-23 포트폴리오를 모은다 164
3-24 아이디어 설계에서 두각을 나타낸다 168
3-25 졸업설계에 도전한다 170

제 4 장 | 실무에서 건축을 만든다

Section

4-1 실무에 있어서 도면의 구성 181
4-2 실무를 위한 현지조사 184
4-3 일정표의 의미 186
4-4 가시화, 비주얼라이즈, 시뮬레이션 190
4-5 학교에서는 가르쳐주지 않는 방화구획, 방연구획, 구획도의 의미 194
4-6 인허가 신청에 관해서 197
4-7 발주행위에 관해서 200
4-8 통합도, 시공도의 체크 203
4-9 목업(mock up)을 확인한다 206

제 5 장 건축을 알린다

Section

5-1 프로젝트를 설명한다 211
5-2 문장에 생각을 모은다 213
5-3 졸업설계를 세상에 알린다 215
5-4 콤페, 프로포셜로 이긴다... 그 첫 번째 217
5-5 콤페, 프로포셜로 이긴다... 그 두 번째 220
5-6 그룹으로 활동한다 222

제 6 장 건축의 넥스트 스텝

Section

6-1 대학원에 간다 227
6-2 취직할 곳을 찾는다 230
6-3 취직시험을 치른다 233
6-4 해외유학을 간다 237
6-5 자격을 취득한다 239
6-6 이직한다 242

에필로그 245
찾아보기 249

제❶장

건축과 우리들이 서 있는 위치

Tate Modern Turbine Hall(런던)
헤르조그 & 드뮤론

자신의 포지션을 확인한다

자신이 지금 어느 위치에 있는가? 또 자신의 목표는 어느 쪽 방향에 있는가? 즉, '포지션(position)[1]'은 인생에 있어서도 프로 건축가로서의 길을 깊이 연구해가는 데 있어서도 공통되는 중요사항이다.

프로 건축가를 목표로 하면서도 그 영역인 '건축'이라는 바다는 극히 광대하고 예측이 어렵다. 또한 교육에 있어서 바다가 있는 한편, 그것과는 호환되지 않는 실무의 바다가 존재하는 등 많은 종류의 영역이 동시에 존재해 시간에 깊은 관계를 가지면서도 시간에 괴리하고 있다.

여기서는 건축디자인이라는 바다의 전체상을 잡기 위한 단서가 되는 차트를 가지고 조감해보려 한다. 또 거기에 목표로 하는 프로 건축가라는 위치를 구상해보면 목표로 해야 할 방향이 어느 쪽인지 보이게 되지 않을까.

목재회관(고토 구)

1) 포지션(position)
직역하면 '서 있는 위치'다. 스포츠에서 사용하는 position과 비슷한 의미. 막연하게 광대한 필드 속에서 자신이 서 있는 위치가 어디 있는가. 라는 의미로 사용된다.

Section 1-1

'건축'을 학교에서 배우는 의미

지식의 체계 속에서 건축학의 자리매김을 본다.

고등교육기관에서 건축을 배운다는 것은 건축을 학문으로 배운다는 것이다. 학문으로서의 건축은 '건축학'이라고 불리고 있다. 건축을 배우는 길에 들어서면서 여러 학문의 체계와 그 속에서 건축학의 자리매김을 해두자.

학문이 체계화된 '지식'이라고 한다면, 그 전체상은 어디서 볼 수 있을까? 건축의 프로를 목표로 하는 입장에서 보면 건축화되고 가시화된 전체상을 접하고 싶어진다. 그런데 이 지식의 체계가 항상 변화되어 가기 때문에 고정적으로 폭넓게 확립된 것은 소유하기 어렵다.

현시점에서 이 욕구를 만족시키고, 그리고 나서 즐겁게 건축적인 지식을 체험할 수 있는 장소가 도서관이다. 도서관에서는 지식이 응축된 방대한 서적이 수장되고 분류되어 체계화되어 있다. 이 지식의 체계 속에서 건축학이 어떻게 분류되어 자리 잡고 있는가를 보고 또 공간적인 체험을 하기 위해 도서관으로 나가보자.

도서관의 총본산이라고도 말할 수 있는 국립 국회도서관[2]의 분류표 중에서 건축학이 놓여 있는 위치를 보면 건축 관련 서적은 예술학 분야와 공학 분야로 분류되어 있는 것을 알 수 있다. 즉, 건축학은 이 2개의 분야에

2) 국립 국회도서관
http://www.ndl.go.jp(일본)
국회의원과 국민을 위해 국내에서 출판된 모든 출판물을 보관하고 있는 도서관. 장서 수는 2,000만 권이 넘는다고 한다. 단, 일반도서관처럼 내관자에 대한 대출 서비스는 하지 않는다. 자료검색 등의 서비스에 관해서는 위에 있는 인터넷 주소를 사용하기 바란다.
한국의 경우 여의도 국회의사당 내에 있으며 일본과 마찬가지로 국내에서 출판된 모든 출판물과 석 · 박사학위 논문의 검색 및 열람이 가능하다.
홈페이지 http://www.nanet.go.kr(한국)

걸쳐서 자리매김되고 있는 것을 알 수 있다. 건축디자인의 프로가 되기 위해서는 예술적 지식체계와 공학적 지식체계를 배워나갈 필요가 있다는 것을 느낄 수 있을 것이다.

지식의 체계 속에서 건축학의 전체상은 웹상에서의 분류에서도 볼 수 있다. 지금 amazon에 접속해보자. 건축의 최신 상황을 나타낸 검색결과가 있을 것이다.

일본 국내서적의 장르 일람을 보면 건축 관련 서적은 '과학, 테크놀로지→공학→건축 토목공학'으로 공학적인 분야로 정리할 수 있는 것과 보다 큰 항목으로서 'Art, 건축, 디자인→건축'으로 정리할 수 있는 것으로, 여기서도 크게 2개의 분야에 걸쳐서 분류되어 있는 것을 알 수 있다. 그리고 보다 많은 책이 후자로 분류되어 있는 상황을 보면 건축은 예술과 공학의 사이에 걸치면서도 그 축을 예술 쪽으로 옮기고 있는 상황이라는 것을 알아차릴 수 있을 것이다.

Section 1-2

건축학이란 무엇인가?

건축학의 체계, 그 전체상을 본다.

지식의 체계 속에서 건축의 자리매김을 확인한 다음은 건축학 자체의 체계적 전체상을 보자.

도서관 내의 건축 관련 서적 책꽂이 혹은 건축학과 전용 도서관으로 가 보면 『신건축학대계』라는 전 50권으로 된 책이 있을 것이다. 1990년대에 일본건축학의 권위인 일본건축학회[3]가 중심이 되어 쓴 것으로 건축학의 체계를 내다볼 수 있는 유일무이한 책이라고 말할 수 있을 것이다.

『신건축학대계』[4]가 서적으로 된 건축학의 체계라고 한다면 '일본건축학회'는 지금 현재 건축학의 체계를 보여주는 것이라고도 생각할 수 있다. 일본건축학회의 홈페이지에 접속해서 위원회의 일람을 보면 건축학이 지금 관심을 가지고 있는 방향을 알 수 있다. 편하게 접하기에는 거리가 멀다고도 생각할 수 있는 보수적 경향이 강한 세계이지만 알아둬서 나쁠 것은 없다.

『신건축학대계』를 앞에 두고 처음부터 페이지를 넘길 배짱이 있는 사람은 별로 없다. 한숨 쉬며 책표지를 바라보는 것이 보통이다.

3) 사단법인 일본건축학회
http://aij.or.jp/sijhomej.htm
건축에 관한 학술·기술·예술의 진보 발전을 도모할 목적으로 1886년에 창립된 공익법인.

4) 신건축학대계
1980년대부터 20년의 세월에 걸쳐 집필된 일본의 건축학 영역에 있어 지식의 집대성. 서적이라는 형식으로 편찬된 건축학으로서는 마지막이 될지도 모른다.
집필 개시로부터 30년이 경과해 시대에 맞는 형식에 의해 새로운 건축학대계의 등장이 기대되고 있다.

이런 방대한 지식의 체계를 익숙하게 즐기려면 과제나 수업에서 생겨난 의문이나 관련 페이지, 장, 권부터 필요한 곳을 골라 읽어 나가는 것이 빠른 길이다. 학부생활을 보내는 동안에 흥미로운 부분부터 읽어나감으로써 아직 체계화되지 않은 최신 지식이나 정보를 수업이나 전문잡지 인터넷에서 획득해가는 기술이 익숙해지게 될 것이다. 그리고 자연스럽게『신건축학대계』에서 멀어져 가는 것이 좋을 것이다. 다만, 체계나 자신의 위치를 놓쳤을 때에는 이 책으로 되돌아오면 좋다는 것을 마음 한편으로 생각해두자.

'일본건축학회'도 3학년, 4학년 과정에서 전문적으로 공부하는 동안에 지도교수로부터 입회를 권유받는 경우가 반드시 있을 것이다. 그때까지는 그 존재를 마음 한편에 담아두거나 학교 내에 고지되는 학회 주최의 이벤트 중 흥미가 있는 것에 참가하는 정도로 우선은 충분하다.

『신건축학대계』전 50권

1 건축개론建築概論
2 일본건축사日本建築史
3 동양건축사東洋建築史
4 서양건축사西洋建築史
5 근대·현대건축사近代·現代建築史
6 건축조형론建築造形論
7 주거론住居論
8 자연환경自然環境
9 도시환경都市環境
10 환경물리環境物理
11 환경심리環境心理
12 건축안전론建築安全論
13 건축규모론建築規模論
14 하우징ハウジング
15 도시·건축정책都市·建築政策
16 도시계획都市計畫
17 도시설계都市設計
18 집락계획集落計畫
19 시가지정비계획市街地整備計畫
20 주택지계획住宅地計畫
21 지역시설계획地域施設計畫
22 건축기획建築企畫
23 건축계획建築計畫
24 구법계획構法計畫
25 구조계획構造計畫
26 환경계획環境計畫
27 설비계획設備計畫
28 주택설계住宅の設計
29 학교설계學校の設計
30 도서관·박물관설계圖書館·博物館の設計
31 병원설계病院の設計
32 복지시설·레크리에이션시설 설계
福祉施設·レクリエーション施設設計
33 극장설계劇場の設計
34 사무소·복합건축설계事務所·複合建築設計
35 하중·외력荷重·外力
36 골조구조해석骨組構造の解析
37 판구조해석板構造の解析
38 구조의 동적해석構造の動的解析
39 목질계 구조설계木質系構造の設計
40 금속계 구조설계金屬系構造の設計
41 콘크리트계 구조설계
コンクリート系構造の設計
42 합성구조설계合成構造の設計
43 기초구조설계基礎構造の設計
44 건축생산 시스템建築生産システム
45 건축구법시스템建築構法システム
46 구조재료와 시공構造材料と施工
47 마감재료와 시공仕上材料と施工
48 공사관리工事管理
49 유지관리維持管理
50 역사적 건조물의 보존歷史的建造物の保存

Section 1-3

학교에서 배우는 건축디자인

건축학, 건축교육 체계 속에서 건축디자인의 자리매김

모든 학교가 일률적으로 같은 교육을 한다는 것은 쉽지 않다. 더구나 건축디자인은 실무이기 때문에 건축학이나 건축교육의 체계가 있어도 일괄적인 평가 자체가 어렵다. 또 일본에서는 공학부 내에 건축계의 교육기관이 설치되어온 역사적 배경도 있어 건축디자인의 교육은 천차만별인 상황이다.

이러한 상황 속에서 국제화 시대의 건축교육 시스템으로 인정하기 위한 기구(대학원 JABEE[5])가 2009년에 구축되었다. 이러한 기구 중에는 UNESCO/UIA 건축교육 헌장이 건축교육의 하나의 기준이 되었다. 자신이 지금부터 받으려고 하는 혹은 자신이 지금까지 받아온 커리큘럼의 특징을 이 헌장의 내용과 비교해보고 파악해두는 것은 앞으로 건축가로서의 경력(career) 형성에 도움이 될 것임에 틀림이 없다.

그렇지만 시대는 다양성[6]을 요구하고 있다. 국제표준도 중요하지만 '자국의' 한 개성을 가진 디자인 교육도 필요할 것이다.

5) JABEE
Japan Accreditation Board for Engineering Education의 약어로, 정식 명칭은 일본 기술자 교육인정구조. 대학이나 전문대학 등의 고등교육기관에서 기술교육의 인정을 행하는 조직으로 일본에서 국제적인 수준의 기술자 교육이 이루어지는 것을 목적으로 하고 있다. 2007년부터는 JABEE의 인정범위가 대학원 석사과정으로 넓어져 이것이 통칭 '대학원 JABEE'라고 불리고 있다.

6) 다양성
처음에는 외관이나 인종, 성별 등에 얽매이지 않고 다양한 개성을 수용하는 것이 사회에서 플러스가 된다는 개념으로 사용된 말. 최근에는 개념이 확장되어 디자인이나 건축의 영역에서도 금욕적인 미니멀한 것부터 다양하고 풍부한 것이 요구되는 경향이 발달해 다방면에서 다양성의 수용이 모색되고 있다.

예를 들어 일본의 건축교육은 다른 나라에 비해서 예술적인 측면이 약하다고 이야기되어 왔다. 확실히 일본에서는 많은 건축학과가 공학부에 설치되어 있는 데 반해, 다른 나라에서는 미술학부 내에 설치되어 있는 사례가 많다. 구조나 설비 등 공학적 측면을 아울러 가진 환경에서 건축디자인 교육이 행해지고 있는 일본의 현재 상황이 지금까지는 좋지 않게 이야기되는 경향이 있었다. 하지만 그 특징을 잘 활용하면 세계에서 유례가 없는 큰 장점으로 전환할 수 있는 가능성이 있다. 아니, 오히려 일본의 교육기관에 입학한 이상 디자이너를 지망함에 있어서도 공학적 접근을 확실히 몸에 익히는 편이 유리한 방법이다. 그것이 일본에서 교육받은 건축가로서 세계에서 필요로 하는 '개성'의 토대가 될 것이다.

한편으로는 약점을 알아두는 것도 중요하다. 일본의 공학부에서 디자인을 배울 때에는 미학, 예술학, 철학 등 이른바 문과계열의 지식 구축에 접할 기회가 적다. 따라서 자발적으로 중요한 미술서나 철학서를 손에 들고 미술전 등으로 찾아 나서는 것이 필요하다.

어쨌든 프로 건축가가 되기 위해서는 배워야 할 것이 많다. 하지만 '평생교육'의 시대가 된 지금 안주할 필요는 없다. 자신이 당면한 교육 시스템을 객관적으로 보고 전략적으로 교육을 모색해가는 시대가 되었다.

대학의 특징을 알기 위한 가장 빠른 방법은 다른 학교 건축학과의 친구와 이야기할 기회를 만드는 것이다. 고교시절의 친구가 다른 대학 건축계열 학과에 다니고 있으면 연락을 해보자. 다른 학교를 가보면 건축적 행사가 매우 왕성하게 행해지고 있기 때문에 정보를 얻으면서 적극적으로 참여해 보는 것도 좋은 방법이다.

Section 1-4

건축은 혼자서 설계할 수 없다

실무 속에서의 건축디자인과 건축가의 자리매김

TV드라마나 잡지에서는 마치 건축가 혼자의 힘으로 건축설계의 모든 과정이 가능한 것처럼 그려지고 있다.

하지만 그러한 건축가상은 지금은 매우 드문 일이며, 주택처럼 비교적 작은 건축물도 여러 전문가가 팀을 짜서 설계에 참여하는 것이 일반적이다.

보통은 건축에 관련된 여러 파트에서의 설계를 한데 모으는 사람이 '건축가'라고 불리는 역할을 짊어진다. 즉, 팀의 캡틴으로서 건축설계의 전반을 종합하는 역할이다.

그 역할은 건축디자인과 밀접한 관계가 있기 때문에 건축가를 '건축설계자'라고 부른다. 여기서 설계란 디자인을 의미한다.

이 설계팀 내에 건축설계자뿐만 아니라 건물의 역학적인 구성부분의 설계를 담당하는 구조설계자[7)]나 건물 내의 공조설비(냉방이나 난방을 위한 기계설비)나 위생설비(수도나 배수를 위한 기계설비), 조명설비(이른바 조명을 위한 설비)의 설계를 담당하는 설비설계자[8)]가 참여하는 것이 가장 일반적인 경우이다.

7) 구조설계자
건축을 지탱하는 말뚝, 기초, 기둥, 보 등의 구조체의 설계를 담당하는 설계자를 가리킨다.

8) 설비설계자
공조나 조명 등 건물을 지지하는 여러 가지 기계설비의 설계를 담당하는 설계자를 가리킨다.

최근의 실무, 특히 도심의 대형 건축물에서의 상황은 더욱 복잡하게 되어 있어 각각의 디자이너나 엔지니어가 프로젝트에 참여하는 사례가 많다(공학적인 기능 등의 설계에 관계된 설계를 하는 디자이너에 대해 엔지니어라고 부르는 경우가 많다).

내부공간이나 거기에 배치하는 가구디자인을 담당하는 인테리어 디자이너, 건물 외부의 수목이나 포장을 디자인하는 랜드스케이프 디자이너 등의 사람들이 프로젝트에 참여하는 것은 이미 보편화되어 있다.

지금은 이러한 각각의 디자이너나 엔지니어를 함께 통솔하는 것이 건축가의 중요한 역할이 되었다. 결정이 위에서 아래로 전달되는 동안 강력하게 개인의 의사와 개성을 일관하는 타입도 있지만 합리적으로 모두의 의견을 들으면서 조정, 정리해 나가는 타입의 건축가도 있다. 또 경우에 따라서는 전체를 종합하는 건축가로서의 입장을 가진 사람 여럿이 팀을 만드는 경우도 있다. 이것은 지금 대형 건축물에서는 매우 자연스러운 일이다. 어쨌든 작은 것에서부터 큰 것까지 건축가 혼자서 설계하는 시대는 사라지고 있다.

좁은 의미에서의 건축가는 앞에서 기술한 것과 같이 건축설계자를 가리키는 경우가 많다. 하지만 이제는 건축설계를 혼자서 할 수 없는 상황임을 생각하면 프로젝트[9]에 관계되는 모든 사람이 건축가라고 불리는 시대, 혹은 건축가의 개념을 바꾸지 않을 수 없는 시대가 되어가고 있는지도 모른다.

중국 광대은행(북경)의 현장에서 완성 단계의 건물 확인

9) 프로젝트(project)
건축을 지어 올리는 기획, 설계, 시공 등 일련의 계획 전체를 '프로젝트'라고 부르는 경우가 많다. 그리고 건축의 프로젝트에는 그 완성을 향해 많은 사람들이 관여하는 것이 특징이다.

프로젝트를 추진하는 멤버 구성

중심적 멤버

설비설계자
공조, 위생, 전기설비 등의 설계를 한다.

↕

건축설계자 = 건축가
건축디자인을 함과 동시에 프로젝트를 총괄한다.

↕

구조설계자
기둥이나 보 등 구조 설계를 한다.

＋

프로젝트의 특성에 의해 참여하는 멤버

프로젝트 매니저
프로젝트의 수행을 매니지먼트한다. 프로젝트의 복잡화에 따라 건축가를 대신해서 업무를 분할·관리하는 전문가

파사드 엔지니어
외장 설계를 전문으로 하는 기술자, 초고층 빌딩의 외장 설계에는 여러 노하우가 필요하기 때문에 파사드 엔지니어가 설계에 참여하는 경우가 늘어나고 있다.

조명 디자이너
조명설계를 전문으로 하는 디자이너

인테리어 디자이너
내장계획을 전문으로 하는 디자이너

랜드스케이프 디자이너
건축을 둘러싼 외부공간 계획을 전문으로 하는 디자이너

방재계획가
피난안전계획을 전문으로 하는 기술자

⋮

Section 1-5

여러 가지의 건축디자인 업무[10)]

건축디자인을 공부한 후의 진로에 관해서

대학교나 전문대학에서 공부한 후에 실무 분야에서 건축디자인을 직접 하면서도, 보통은 '건축가'라고 불리지 않는 일에 종사하는 사람들도 대단히 많다. 이 책에서는 그런 사람들도 '프로 건축가'로서 자리매김하고 있다. 이제 그들의 일을 보도록 하자.

1. 아틀리에 사무소

건축가의 이미지에 가장 가까운 것은 이른바 '아틀리에 사무소' 라고 불리고 있는 비교적 적은 인원수로 구성된 건축디자인(건축설계)에 특화된 사무소의 소장일 것이다. 잡지 『BRUTUS』 등의 미디어에 등장하는 대부분의 건축가는 이러한 사무소의 소장으로 건축가를 꿈꾸는 사람들이 희망하는 곳은 주로 아틀리에 사무소일 것이다. 지금은 스타 건축가가 된 사람도 젊은 시절에는 아틀리에 사무소에서 근무했던 예가 많다.

아틀리에에서 직접 다루는 일의 종류는 천차만별이다. 소규모 아틀리에에서는 개인주택이 많고 유명한 아틀리에에서는 대형 공동주택이나 오피스빌딩 등도 직접 다루는 것이 일반적인 경향이며, 매우 유명한 아틀리에에서는 해외 업무가 대부분을 차지하고 있는 곳도 있다. 유명한 건축가의 아틀리에의 경우 들어가기 매우 어려운 곳도 많다.

10) 건축가의 업무 스타일
저명한 아틀리에 건축가의 업무 스타일을 알려면 다음의 도서가 적당할 것이다. 『건축학 교과서』, 『건축학이라는 직업』, 세지마 가즈요 著, 『행동주의 렘 콜하스 도큐먼트』, 다키쿠라 노리코 著(TOTO출판), 『일본의 건축가 이토도요 관찰기』 다키쿠라 노리코 著(TOTO출판)

한편으로는 소장 한 명의 사무소도 다수 존재한다. 사무소의 규모보다도 '작품'이라고 불리는 일의 질적인 면에 의해서 명성이 좌우되므로 대단히 냉혹한 세계다.

건축설계의 아틀리에 사무소가 있는 것과 마찬가지로 구조설계나 설비설계에서도 아틀리에 스타일의 사무소가 있다. 앞에서 기술한 것처럼 현대의 건축은 혼자 설계하는 것이 어렵기 때문에 보통은 건축설계, 구조설계, 설비설계의 아틀리에가 팀을 이루어 일을 진행한다.

따라서 '건축가'란, 건축계열의 아틀리에 사무소의 소장이나 우두머리 격의 사원을 가리키는 것이 일반적이다. 단, 최근에는 구조설계사무소의 소장이나 사원이 스스로 '구조가'나 '구조디자이너[11)]'라고 부르는 경우도 많다.

구조설계의 담당자가 구조가나 구조디자이너로서의 의식을 강하게 가지는 한편, 설비설계자가 환경을 목표로 내세워 존재감을 키워나가고 있다. 구조설계자나 설비설계자가 건축설계자를 지원하는 엔지니어라는 입장부터 스스로 건축디자인의 방향성을 크게 좌우하는 것이라고 자각하는 사람이 늘어나고 있는 것도 사실이며, 매년 엔지니어의 존재감은 커지고 있다. 엔지니어가 건축디자인을 행하는 데 있어 관계가 밀접해지고 있다는 증거일 것이다. 따라서 본서의 '프로 건축가'는 이러한 사람들을 포함하고 있다.

아틀리에에 취직하는 사람들의 궁극적인 목표가 독립해서 스스로 아틀리에를 개설하는 것이기 때문에 아틀리에에 있어서 인재는 유동적이라고도 말할 수 있다. 일본 사회에서 특징적인 '종신고용제'와는 꽤 다른 문화를 가진 것이 아틀리에 사무소의 세계라고 생각할 수 있다.

11) 구조가 · 구조디자이너
구조설계는 엔지니어링이라고 파악하는 경우가 많지만 건축에 관해 말하면 구조체가 주요한 공간의 뼈대를 만들어내기 위해 구조설계자는 엔지니어링을 넘은 큰 존재감을 보이는 경우가 많다.
과거 건축가 단게 겐조와 구조가 쓰보리 요시카츠의 협력이 유명하다.
건축가와 구조가의 흥분되는 협력을 전하는 참고문헌으로는 『informal』, Cecil Balmond 著(TOTO 출판)
『Peter Rice 자전』, Peter Rice 著(鹿島出版会) 등을 들 수 있다.

2. 대형설계사무소

한편 '대형설계사무소'라고 불리는 곳도 있는데, 아틀리에에 비해 회사의 규모가 크고 기본적으로 팀 단위로 설계한다. 24페이지에서 소개한 건축설계자뿐만 아니라 내부의 구조설계자나 설비설계자 등 건축디자인을 지원하는 광범위한 엔지니어를 포함하고 있는 경우가 많다.

실은 나도 닛켄설계라는 대형설계사무소[12)]에 근무하고 있는 사원이다. 대형설계사무소에서도 디자인을 실제로 종합하는 우두머리 격의 설계자를 '건축가'라고 부르는 경우가 많다. 하지만 아틀리에 사무소에서는 소장이 결정한 것을 아래로 전달해가며 디자인 방향을 결정하는 경향이 강한 데 비해, 대형설계사무소에서는 다수의 건축가의 의견을 모아 디자인의 방향을 결정해나가는 경향이 있다(그렇다 하더라도 이것은 팀을 모은 건축가의 개성에 의해 크게 좌우되는 경향이 강하지만).

일반적으로는 부동산업자나 대기업으로부터 의뢰받은 오피스빌딩이나 복합기능시설, 대형 맨션 등 중규모에서 대규모의 건축물을 다루는 경우가 많다. 반대로 개인주택 등을 설계하는 경우는 극히 드물다. 즉, 아틀리에 사무소와 대형설계사무소에서는 다루고 있는 건축 타입도 다른 점이 많다는 것이다.

유명한 아틀리에와 마찬가지로 여러 가지의 건축 타입에 몰두하는 유명 사무소로의 입사 희망자가 많기 때문에 경쟁이 심하다.

한편, 독립해서 스스로 아틀리에 사무소를 개설하는 사람은 소수이며 대부분은 종신고용이 된다. 예전에는 중도 채용자가 적었지만 최근에는 아틀리에 계열에서 이직하는 팀도 많아 인재가 다양화·유동화되고 있는 것을 느낄 수 있다.

12) 대형설계사무소의 건축가
대형설계사무소에 소속되어 건축가로서 확립한 지위를 쌓은 대표는 하야시 쇼우지다. 하야시 쇼우지의 시점을 통해, 대형설계사무소에서의 업무, 그것도 특히 어려운 시절의 업무를 되돌아볼 수 있는 자료에는 다음의 것이 있다.
『하야시 쇼우지의 업무』(新建築社)

3. 제네콘(Genecon) 설계부

세 번째는 제네콘의 설계부에서 근무하는 타입이다. 대형설계사무소와 같이 비교적 규모가 큰 팀에서 설계하기 때문에 언뜻 보기에는 대형설계사무소와 매우 비슷하나, 대형설계사무소가 내부에 시공(건물을 실제로 만드는)팀을 가지고 있지 않은 데 비해 제네콘의 설계부는 본체가 시공회사라는 것이 결정적인 차이점이다.

이곳은 설계만을 담당하는 경우가 드물며 보통은 공사도 함께 하기 때문에 일의 스타일을 '설계시공 일괄' 등으로 부르기도 한다. 시공회사와 일체화되어 있는 것이 강점이기도 약점이기도 하다. 대형설계사무소와 마찬가지로 디자인을 종합하는 우두머리 격의 사원은 스스로를 건축가라고 하는 경우가 많다.

다루고 있는 건축 타입은 매우 많지만 시공성에 의해 건설비용이 크게 좌우되는 교외형 쇼핑센터나 공동주택 등의 분야에서 강점을 가지고 있다.

그리고 대형설계사무소보다도 수가 증가하면서 대형 제네콘의 설계부로의 취직 경쟁 또한 매우 심해지고 있다. 취업의 상황에 관해서도 대형설계사무소와 비슷한 경향이라고 볼 수 있다.

4. 기타 프로 건축가로서의 업무

설계사무소나 제네콘 설계부에서의 일 이외에도 프로 건축가로서의 직장은 다방면으로 열려 있다.

우선 인테리어 설계사무소 등 건축의 한 부분만을 디자인하는 사무소에 취직하는 경우, 사무소에 따라 공동주택 인테리어, 점포의 인테리어, 병원의 인테리어 등 주로 맡아서 하는 업무가 나뉘어져 있는 경우가 많다. 유사한 경우로는 사인이나 디스플레이 업계도 있다.

부동산업계나 은행 등에서도 대형 건설프로젝트를 매니지먼트하는 기회가 많다. 클라이언트 측에서 건축디자인 계획에 참여할 전문가를 구하고 있는 경우도 많다.

관공서나 큰 회사에서는 '영선[13]'이라는 자사 내에서 건축디자인을 수행할 팀을 고용하고 있는 경우도 있다. 국토교통성 관청영선부가 그 대표적인 사례일 것이다.

하우징 업체도 건축의 프로를 많이 고용하고 있는 업종이다. 일반적인 주택과 달리 부재부터 생산까지 주시하면서 상품적으로 주택을 개발해 다른 분야의 건축디자인과는 미묘하게 다른 업무를 경험할 수 있다.

다른 방면으로는 건축전문잡지사에서의 업무도 건축의 프로영역이라고 말할 수 있으며, 대학 등의 교육기관으로 가는 길도 있다.

직접 건축디자인을 하지 않아도 건축디자인을 배운 경험을 기반으로 할 수 있는 일은 일일이 셀 수 없을 정도로 많기 때문에 진로 결정이나 취직 후의 진로 수정에 있어서도 확실한 조사가 필요하다.

13) 영선
원래는 건축물을 만드는 구축과 수선하는 것을 가리키는 말. 건축의 프로의 세계에서 영선이라고 하면, 통상은 어떠한 조직에 있어서 그 조직의 건축물 설계나 수선을 전문으로 하고 있는 부서를 의미하는 경우가 많다.
대표적인 것은 공공시설의 설계나 수선에 관계되어 있는 관청영선이고 그 중심적인 존재가 '국토교통성관청영선부'이다. 관청영선부의 업무도 건축디자인의 프로의 업무라고 말할 수 있다.

목재회관의 목업(mock-up) 전 협의 중

Section 1-6

건축은 누가 만드는가?

설계를 실현시키는 시공프로세스에 관해서

건축은 설계가 끝난 후 '시공'이라는 공사 프로세스를 거쳐 실현된다.

설계와 마찬가지로 건축시공도 또한 팀에 의한 일이다. 공사의 발주는 클라이언트가 하지만 그 발주를 돕는 것은 프로 건축가의 일이다.

주택의 경우 '공무점[역자주]'이 대형 업무의 경우 '제네콘[14)]'이라고 불리는 시공전체의 일에 대해 도급을 담당한 회사에 공사를 발주한다. 또한 공무점이나 제네콘은 공사내용을 설비나 내장 등으로 나눠 별도의 회사에 발주한다. '하청(하도급)', '전문업자', '서브콘[15]' 등은 공무점이나 제네콘에서 부분적인 일을 책임지고 담당하는 별도의 회사를 가리킨다.

역자주: 공무점
일본에서 주택의 공사가 순조롭게 진행될 수 있도록 공종별 기술자의 준비를 실시하는 등, 전문공사업자를 매니지먼트 하는 업자
지역 밀착으로 영업하고 있는 곳이 많아 애프터서비스가 유리한 이점이 있다.
운영 타입은 여러 가지로 사내에 건축사를 채용해 디자인에 의해 타사와 차별화를 도모하는 타입, 외부 건축가의 설계에 의해 시공만을 하는 타입, 프랜차이즈 타입 등 여러 타입이 있다.

14) 제네콘
건축시공을 클라이언트로부터 일괄(하나로 모은다는 의미)로 떠맡는 시공자를 제네콘이라고 한다.
제네콘의 제네란 영어의 General로 종합 또는 일괄이라는 의미. 콘은 Constructor로 건설자, 건설회사라는 의미. 따라서 제네콘이란 문자대로 종합도급업을 의미한다.
일본에서는 오오바야시구미, 가지마 건설, 시미즈 건설, 타이세이 건설, 다케나카 공무점의 5개사가 가장 커서 '슈퍼제네콘'이라고 불린다.

15) 서브콘
공사를 일괄로 하지 않고 부분적으로 맡는 것이 서브콘으로 제네콘에 대한 반대개념이다. 일괄발주에서는 제네콘의 하도급이 되지만 분리발주에서는 클라이언트와 직접 공사계약을 한다. 실제로는 서브콘에서 또 세분화된 공사를 전문공사업자에게 발주하는 것이 일반적이다.

특히 서브콘이라는 것은 설비공사 전부 등 세분화된 공사를 종합건설업자를 기반으로 담당하는 경우의 호칭이지만, 대형 프로젝트에서는 설비공사가 전기설비공사, 위생설비공사, 공조설비공사 등으로 구분되어 전문 서브콘에 '발주'되는 것이 일반적이다.

복잡해진 것 같다. 26페이지의 그림에서 건축설계 자체는 건축설계와 구조설계 그리고 설비설계 3가지로 구분되고 있다고 해설했다. 이것은 설계 측면에서의 구분이고, 지금 여기에서 기술하고 있는 것은 시공하는 측면에서 본 구분이다. 각각의 입장 차이에 따라 매우 비슷하기도 하고 약간 차이가 나기도 한다. 또 실무에 의한 구분이기 때문에 고정적이지 않고 프로젝트나 규모, 또는 시대마다 변해가기도 한다.

일반적으로 민간공사에서는 번잡함을 없애기 위해 공사를 일괄해서 제네콘에 의뢰하고 제네콘이 서브콘을 고용하는 형식이 많다(이것을 일괄발주라고 한다).

한편, 공공업무에서는 제네콘과 서브콘을 분리하여 모두 국가 측에서 발주한다(분리발주). 노력은 들지만 공사의 투명화를 꾀하기 위해서일 것이다.

다음 페이지에서는 소규모 프로젝트의 (1) 공무점 · 제네콘으로의 일괄발주, (2) 제네콘 · 서브콘으로의 분리발주의 전형적인 패턴을 도식화해보았다.

학생들은 이러한 발주형태를 머리에 넣는 것은 어려울 것이다. 여기에서는 건축설계가 혼자서는 할 수 없기 때문에 건물을 실제로 만들기(시공이라고 한다) 위해 많은 사람이 관계된다는 것을 우선 이해시키려 한다. 그리고 시공에 종사하는 많은 사람들도 학교에서 건축의 프로가 되기 위해 교육을 받은 사람들이고, 프로 건축가로서 일을 하고 있는 것이다.

시공 프로세스(1) (제네콘 일괄발주의 경우)

〈주택 등 소규모 건축의 경우〉

〈오피스빌딩 등 대규모 건축의 경우〉

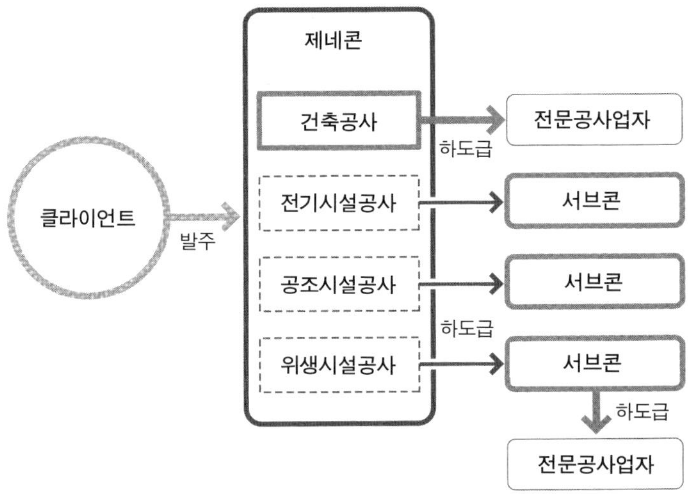

시공 프로세스(2) (제네콘, 서브콘의 분리발주의 경우)

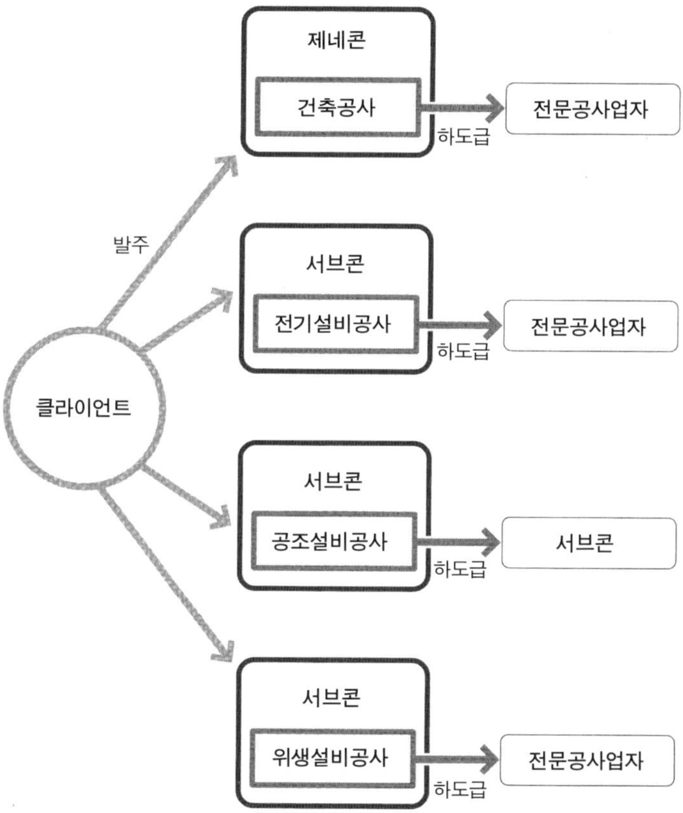

Section 1-7

설계부터 준공까지의 흐름

프로세스의 이해와 일정을 짜는 것이 중요하다.

지금까지 기술해온 것처럼 건축을 창출해내는 것은 개인작업이 아니고 팀워크다. 설계부터 준공까지 수많은 사람들이 관계되어 있는 것이 일반적이다. 많은 사람들이 관계되어 있으면서도 프로젝트를 원활히 진행해 나가기 위해서는 구체적인 프로세스의 이해와 일정의 구상이 필요하다.

설계단계에서의 주된 등장인물은 설계를 의뢰하는 측의 클라이언트(발주자)와 건축가다. 실제로 건축가는 많은 디자이너나 엔지니어와의 팀 작업을 실행한다.

건축가는 설계를 법규에 맞추고 각각의 신청을 진행하는 역할도 한다. 설계단계에서 등장하는 관계관청 등의 등장인물 사이를 원활하게 중재하고 설계를 순조롭게 실행해가기 위해서는 일정의 구상이 중요하다. 그리고 설계단계에서 일정의 구상은 보통은 건축가가 실행하고 책임을 져야만 한다.

건축의 프로가 되는 데에는 필수 불가결한 능력이지만 하루아침에 습득할 수 있는 기술이 아니고 경험이 필요한 것이다.

설계를 끝마친 후 시공시의 공정 구상은 다음에는 제네콘의 업무가 된다. 그렇지만 건축가는 그것을 체크할 의무가 있다. 시공기간 동안 건축가는 도면대로 건물이 만들어지고 있는가를 '감리[16)]'해야 하는 중요한 일이 기다리고 있다.

16) 감리
건축이 설계도나 설계의 의도대로 시공자에 의해 지어지는가를 감리·지도하는 업무로 건축가의 중요한 업무이기도 하다.

■ 감리단계에서의 건축가의 업무

- 설계의도와 설계도에서는 표현할 수 없는 곳을 시공자에게 바르게 전달한다.
- 설계도대로 시공이 되고 있는지를 검사한다.
- 시공이 공정대로 진행되고 있는가를 체크한다.
- 시공자에게의 조언 등

보기에는 쉬워 보이지만, 이 감리단계의 업무가 적절히 진행되지 않는 한 설계한 건물은 건축가가 의도한 대로 완성되지 않는다. 프로 건축가에게는 중요한 업무의 하나라고 말할 수 있을 것이다.

또한 감리단계는 건축가에게 있어 설계도를 그리는 장소가 아닌 눈앞에서 실제 건물이 완성되어 가는 과정과 접할 수 있는 귀중한 장이다. 어려운 점도 많지만 시공단계에서 얻은 지식이나 경험이 다음 설계에 중요한 열쇠를 주는 경우가 자주 있다. 설계로부터 거리가 멀어진 제자리걸음하고 있는 듯한 기간으로도 느껴질 수도 있지만, 프로로 성장하고 싶은 많은 젊은 사람이 현장감리에 '매우 큰 보람을 느끼고 있다'고 느끼고 있는 것 같다. 기회가 있으면 감리업무에도 적극적으로 뛰어 들어가 보자.

호키미술관(지바 현)의 공사 중인 모습

설계부터 준공까지 역할분담과 흐름

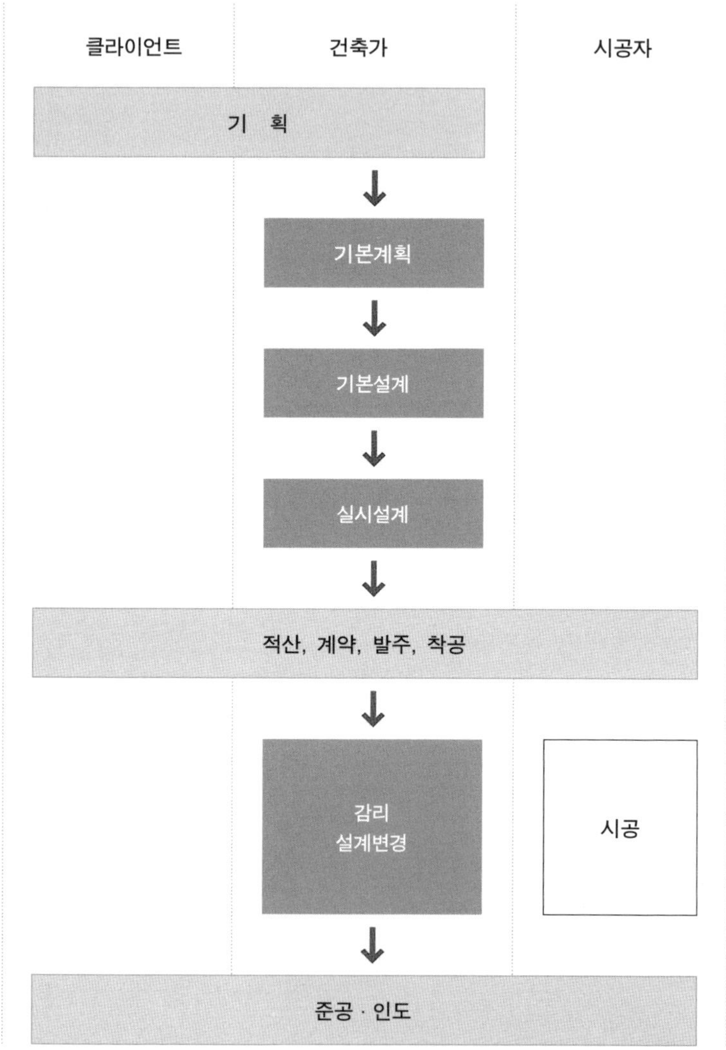

Section 1-8

건축, 건축가, 건축디자인이란 무엇인가?

선배들이 했던 말을 되새겨 본다.

프로 건축가를 목표로 해서 학교에 들어가거나 회사에 나가 활동을 시작하거나 하면 당연하게도 건축이나 건축가, 그리고 건축디자인에 관해 많은 생각에 사로잡히게 된다. 건축에 대한 철학에 빠져들게 되는 것이다. '건축이란 무엇인가'라는 근원으로 되돌아간 사람부터 '도대체 왜 건축 같은 걸 공부하고 있는 걸까'라고 스스로가 놓여 있는 상황 그 자체로 고민하는 것이 이상하지 않다. 아니, 지금까지 프로 건축가를 목표로 해온 사람이라면 누구라도 이러한 고민을 해왔을 것이다.

대답을 간단히 찾을 수는 없다. 오히려 이 대답을 찾아내려고 하는 고민이야말로 새로운 건축의 창조를 재촉하는 것일지도 모른다.

그렇지만 많은 사람들이 같은 문제로 고민해서 깨달음에 도달해 그것을 많은 저작(著作)에서 기술하고 있다. 흥미로운 것은 그 해답이 하나가 아니고 같은 건축가들조차 되새길 때마다 해답이 바뀌는 것이다.

'건축이란 무엇인가?' 건축의 프로를 지향하는 한 영원히 가설을 구축하고 그것에 의문을 가지고 해체해 재구축하는 프로세스가 부과된다. 망설임이 생기면 사람이 한 말을 더듬어 따라가는 것도 중요할 것이다. 단, 쓸모 있는 것은 위대한 사람이 글로 남긴 말만이 아니다.

과제에 직결하는 의문이나 세대 특유의 고민 등은 가까운 선배의 한마디가 위대한 거장이 기록한 한 권의 책보다 더 나은 도움의 손길이 되는 경우도 있다. 교수나 외래강사의 신랄한 비판에 깨닫는 경우가 있을지도 모른다. 지금까지 한귀로 듣고 흘리고 있었던 히트곡의 가사에서 좋은 힌트를 얻어 어둠속을 안내하는 빛으로 활용되는 경우도 있다.

건축에 있어서 생각하는 고민은 답답하고 고통스럽다. 하지만 고민함으로써 처음으로 스스로의 감성을 열고 현인들의 말에 귀를 기울여 거기서부터 무언가를 받아들이는 것이 가능할지도 모른다.

디자인 확인을 위해 설계 중에 만든 호키미술관 모형

'건축이란?' 선배 건축가들의 명언

"좋은 건축은 편리함, 강함, 아름다움을 갖추는 것이 요구된다."
비트루비우스 B.C. 1C

"공간은 그것이 어떻게 지어지는가의 증거가 보이지 않는 한 공간이 아니다."
루이스 칸 1901~1974

"건축가는 예언자가 아니면 안 된다. 진정한 의미의 예언자다. 10년 앞을 내다볼 수 없는 자는 건축가라고 칭할 수 없다."
프랑크로이드 라이트 1867~1959

"형태는 기능에 따른다."
루이스 설리반 1856~1924

"건축은 거주하는 기계이다."
르코르뷔지에 1887~1965

"기능적인 것이 아름다운 것이 아니다. 아름다운 것만 기능적이다."
단게 겐조 1913~2005

"Less is more"(보다 적은 것은 보다 풍부한 것이다.)
미스 반 데어 로에 1886~1969

"Less is bore"(보다 적은 것은 따분하다.)
로버트 벤추리 1886~1969

"나에게는 그 어떤 양식도 근대도 아닌, 붓을 내려놨을 때의 그 순간이 전부인 것입니다."
무라노 토우고 1891~1984

"미는 추구하는 것이 아니라 부산물로 태어난다."
렘 콜하스 1944~

제 ② 장

건축을 배운다

HOUSE BB

WM+associate 가와시마 노리히사+다나카 와타루+히라이와+요시유키+다카세 고우조우

흥미를 가지는 것이 배움의 시작이다

프로 건축가가 걷는 길은 싹이 끊어지지 않는 기나긴 길이다.

건축의 역사는 개인의 인생에 비해 터무니없이 길다. 건축의 근본원리는 극히 근본적인 것 위에 성립되어 있다. 이 때문에 건축에 관계되는 가장 오래된 저서[17)]가 아직도 유효하다.

한편으로 건축은 최신 지식이나 문화를 탐욕으로 받아들이기도 한다. 이 때문에 프로 건축가에게는 CPD(Continuing Professional Development)라고 불리는 생애학습이 의무로 지워지고 있는 것이다.

또한 번거롭게도 건축은 도서만으로는 배울 수 없다. 실제로 현장을 방문해, 보고 실측하고 접촉하는 것은 기본이다. 물론 선배나 유명건축가의 말에 귀를 기울이는 것, 항상 건축에 대해 의문을 가지고 생각하는 것도 매우 중요하다.

17) 건축에 관계된 가장 오래된 저서
건축평론가인 폴 골드버거(Paul Goldberger)가 쓴 『왜 건축이 중요한가?(Why Architecture Matters)』라는 책의 내용에 로마시대의 건축가 비트루비우스의 말이 아직도 유효하게 다루어지고 있다. 눈앞에는 끝나지 않은 방대한 지혜가 옛사람들에 의해 축적되고 있다.

Section 2-1

멘토[18]를 찾자

건축이라면 무엇이든 상담할 수 있는 선배를 찾는다.

건축에 관한 것이라면 무엇이라도 상담이 가능해서 믿고 따를 수 있는 선배가 가까이 있으면 건축을 배우는 데 있어 이보다 의지가 되는 것은 없다.

멘토는 지도자나 스승이라는 의미로, 건축을 배울 때의 본보기가 되는 인물이다. 일찍이 건축가에게는 '건축주'라고 불리는 클라이언트가 있어 사용자로서의 입장과 넓은 식견으로 건축가를 이끌었다. 좋은 건축을 만드는 데는 적절한 이야기 상대와 지도자가 필요할 것이다. 건축에 관한 고민으로 헤매거나 길이 보이지 않게 되었을 때는 멘토에게 상담한다. 상담이 불가능해도 '멘토라면 어떤 식으로 생각할까' 등, 생각해보는 것만으로도 머릿속이 정리될 수 있다.

물론 멘토는 사이가 좋은 교수도 좋고, 회사의 선배나 동료라도 좋다. 인터넷의 시대이기 때문에 블로그를 찾아다니면 웹상에서 멘토를 발견할 수 있을지도 모른다.

우선은 가까운 곳에서부터 찾아보자.

18) 멘토(mentor)
교육에는 위에서의 지지나 명령에 의한 일방적인 것과 대화를 중시해서 자발적인 발달을 재촉하는 방법 등이 있다. 멘토란 그러한 대화를 중시한 교육(멘토링)방법에 있어 주도적으로 가르치는 입장에 있는 인간을 가리키는 말이다.

멘토를 찾는 단서

멘토는 가까운 선배나 동료, 교수도 좋고 만난 적 없는 스타 건축가도 좋다.

중요한 것은 자신이 본보기로 삼고 싶은 인물을 찾는 것이다.

인터넷에서 찾는다	건축가의 블로그를 읽어본다. • Twitter에서 건축에 관해 올려본다. 혹은 건축을 테마로 글을 올리고 있는 사람을 팔로우한다. • SNS의 건축계 모임에 참가해본다.
주변에서 찾는다	• 선배와의 회식에 간다. • 선배의 과제나 업무를 도와준다. • 선배의 졸업설계를 도와준다.
발품을 팔아서 찾는다	• 연구실이나 관심있는 설계모임에 드나들어 본다. • 세미나나 연구회에 참가해본다. • 대학 간 교류, 사무소의 업무영역을 넘은 이벤트에 참가해본다.

Section 2-2

가장 먼저 읽는다면 이것이다

건축 초심자는 이 건축서를 구해보자.

건축을 배우는 학교에 입학하면 '필독서 100권'이라고 하는 학생시절에 읽어야만 하는 건축도서 리스트를 건네받는 경우가 있다. 이른바 '명저'라고 불리는 녀석이다. 독서에 취미가 있는 사람은 손에 잡히는 대로 읽어보겠지만 문제는 독서에 취미가 없는 사람이다. 전문서적의 문장은 읽기 어려우므로 다소 노력이 필요하다.

처음에는 직감적으로 마음에 드는 책부터 시작해보자. 서점이나 도서관에 가서 우선 잠시 훑어본다. 머리말과 맺음말 그리고 목차를 자세히 읽어보고, 내용이 마음에 와 닿는다는 느낌이 오면 구해서 읽어 본다.

이들 필독서는 한번만이 아닌 두 번, 세 번 되풀이하여 읽는 것이 중요하다. 처음 한번은 도서관에서 빌려 봐도 좋을지 모르지만 마음에 드는 책은 오래된 책이라도 좋으니 구해서 반복해서 읽어보자. 모두 유명한 책들이니 인터넷에서 간단하게 검색할 수 있다.

내 경험에 의하면, 이들 필독서는 대학이나 대학원에서 배우는 시간을 넘어 사회인이 되어서도 효과가 있어 재차 다시 읽고 싶었던 적이 간혹 있다. 나도 학생 때에는 이해하지 못했던 고현학의 접근이 40대가 되어 노무라공예사 등을 설계할 때에는 설계에 앞서 '리서치'를 시작한 계기가 되었다.

환경의 시대가 되면서 '건축가 없는 건축'에서 나타나는 많은 토착적인(그 지방 특유의) 건축이 가진 의미는 낡고 기이한 것에서부터 환경에서 기인한 지속 가능한 것을 생각하는 데 있어 큰 힌트를 주는 것으로 변했다.

당초에는 단순한 취미로 가지고 있던 '제국의 수도(도시)이야기'(帝都物

語, 角川書店)가 도쿄에서 일을 계속하면서 도쿄에 관한 방대한 역사적 사실이나 자료가 응축된 것을 바탕으로 구축된 이야기라는 것을 알았다. 지금은 도쿄를 이해하는 데 있어 관점을 즐겁게 해주는 귀중한 문헌이라고 느끼고 있다.

명저(名著)가 밑바탕에 가지고 있는 명확한 시점은 처음에는 시대에 뒤떨어진 것으로 보일 수도 있지만 결국은 시대를 넘어 새로운 관점을 주는 경우가 자주 있다. 이것이야말로 명저인 이유일 것이다.

건축 초보자를 위한 추천도서

제목	저자	출판사
내일의 전원도시	Ebenezer Howard	鹿島出版会
미국 대도시의 삶과 죽음	Jane Butzner Jacobs	鹿島出版会
음영 예찬	다니자키 준이치로	中央公論新社
인터내셔널 스타일	HITCHCOCK & Johnson	鹿島出版会
비트루비우스 건축서	Vitruvius	東海大学出版会
우주선 지구호 조종 매뉴얼	Richard Buckminster Fuller	筑摩書房
고현학 입문	곤와지로	筑摩書房
립스틱에서 기관차까지	Raymond Loewy	鹿島出版会
건축가 없는 건축	Bernard Rudofsky	鹿島出版会
건축을 지향하며	Le Corbusier	鹿島出版会
구조와 힘 기호론을 넘어서	아사다 아키라	勁草書房
코트 하우스 론	니시자와 후미타카	相模書房
실존, 공간, 건축	Christian Norberg-Schulz	鹿島出版会
제1 기계시대의 이론과 디자인	Peter Reyner Banham	鹿島出版会
건축대사론 가, 가타, 가타치	기쿠다케 기요노리	彰国社
조그마한 집	Le Corbusier	集文社
조그마한 숲 속의 집	요시무라 쥰조	建築資料研究社
침묵의 봄	Rachel Lousie Carson	新潮社
동방으로의 여행	Le Corbusier	鹿島出版会
도시의 이미지	Kevin Lynch	岩波書店
일본건축사 서론	오다 히로타로	彰国社
일본 미의 재발견	Bruno Julius Forian Taut	岩波書店
Buckminster Fuller의 Dymaxion의 세계	Richard Buckminster Fuller	鹿島出版会
표징의 제국	Roland Barthes	筑摩書房
거리 풍경의 미학	아시하라 요시노부	岩波書店
보이다 말다 하는 도시	마키 후미히코	鹿島出版会
미스 반 데어 로에	David Spaeth	鹿島出版会
보잘 것 없는 인체	Bernard Rudofsky	鹿島出版会
메이지의 도쿄 계획	후지모리 테루노부	岩波書店
라이트의 건축론	Frank Lloyd Wright	彰国社
루이스 칸 건축론집	Louis Isadore Kahn	鹿島出版会
콤팩트 건축설계자료 집성	일본건축학회	丸善

Section 2-3

건축을 추구한다면 이것이다

건축으로 고민하기 시작하면 이런 책을 읽어보자.

상자의 집 시리즈에서 알 수 있는 건축가 난바 가즈히코(難波和彦)[19]의 블로그를 살펴보면, 건축가가 바쁜 일상 속에서도 매우 여러 가지 장르의 책을 가지고 있는 것을 알 수 있다. 난바에 의하면, '나에게 있어서는 책도 일종의 건축이고 독서는 구축된 사고의 간접체험임에 틀림없다. 역으로 말하면, 건축은 구축적인 사고를 눈에 보이는 형태로 한 일종의 책이기 때문이다'라는 것이라고 한다.

난바뿐만 아니라 책을 읽는 것은 건축을 구축하는 데 있어 대단히 큰 영향력을 가지는 것이다.

앞에서 소개한 책이 건축의 개념적인 부분에 관한 것이라면, 여기에서 소개하는 책은 보다 건축의 철학에 가까운 부분에 관계되는 것이라고 말할 수 있다. 각 저자는 그 밖에도 많은 중요한 책을 남기고 있다. 저자명으로 인터넷을 검색해 링크를 찾아가면 방대한 책들의 리스트를 간단하게 살펴볼 수 있다. 다음 페이지의 리스트에 머물지 말고 독서의 폭을 넓혔으면 좋겠다.

19) 난바 가즈히코
건축설계자로서 여러 수상경력을 가진 동시에 지속가능성(Sustainable)을 고려한 공업적 측면도 높은 평가를 받고 있다. 그 이론의 실천은 '상자의 집' 시리즈로 이루어져 있어 지금까지 수많은 작품이 생겨나고 있다.

건축을 추구하는 책

제목	저자	출판사
CODE VERSION2.0	Lawrence Lessig	翔泳社
어스 다이버	나카자와 신이치	講談社
안티 오이디푸스(상, 하)	Gilles Deleuze & Pierre-Felix Guattari	何出書房新社
암묵지의 차원	Michael Polanyi	筑摩書房
이키의 구조	구키 슈조우	講談社
은유로써의 건축	가라타니 고우쥰	岩波書店
감옥의 탄생	Michel Foucault	新潮社
공간 · 시간 · 건축	Sigfried Giedion	丸善
건축 신화의 붕괴	Manfredo Tafuri	彰国社
건축의 해체	이소자키 아라타	鹿島出版会
건축의 세기말	스즈키 히로유키	昌文社
건축의 다양성과 대립성	Robert Venturi	鹿島出版会
콜라주 시티	Colin Rowe	鹿島出版会
착란의 뉴욕	Rem Koolhaas & Fred Koetter	筑摩書房
시뮬라크르와 시뮬레이션	Jean Baudrillard	法政大学出版局
하얀 책상과 젊은 시절	Goran Schildt	鹿島出版会
소슈어의 사상	마루야마 게자부로	岩波書店
장명	이토 요타로	鹿島出版会
테크토닉 컬처	Kenneth(Brian) Frampton	TOTO出版会
패턴 랭귀지	Christopher Alexander	鹿島出版会
복제기술시대의 예술	Walter Bendix Schonflies Benjamin	昌文社
마니에리즘과 근대건축	Colin Rowe	彰国社
미디어론	Herbert Marshall Mc Luhan	みすず書房
야생의 사고	Claude Levi-Strauss	みすず書房
풍토	와츠지 데츠로	岩波書店
건축가 하야시 쇼지 독본	하야시 쇼지	新建築社
이끼가 끼기까지	스기모토 히로시	新潮社

예를 들면, 『스커트 밑의 극장[20]』이나 『이기적인 유전자[21]』 등은 건축을 위해 쓰인 것은 아니지만, 많은 건축가에게 읽혀져 그들의 업무의 사고방식에 큰 영향을 준 책으로 알려져 있다. 사실 나도 큰 영향을 받은 책이다.

전자는 속옷에 관해 이야기된 것이면서 당연하다고 생각하고 있는 것을 풀어 거기에 숨은 의도나 의미를 찾아내는 프로세스를 찾아간다. 이것은 우리 건축의 프로가 건축이라는 당연한 것 중에 숨은 의도나 의미를 찾아내는 프로세스에 대해 큰 힌트를 준다.

또한 후자는 우리들을 포함한 생물의 행동 대부분이 유전자를 남겨 후세에 전하고 싶다는 이기적인 전략이라고 설명되고 있는 내용이다. 이 내용에 따르면, 우리들이 매일 몸부림치며 몰두하고 있는 '건축을 만드는 행위'도 인류의 유전자를 남겨야만 한다는 이기적인 행위의 일환이 되는 것이다. 건축교육이 우리들에게 가르쳐주고 있는 것과는 크게 다른 시점을 주는 것으로, 아직 내가 건축을 생각하는 데 있어서 큰 영향을 받고 있는 책이기도 하다.

20) '스커트 밑의 극장(スカートの下の劇場)'
우에노 치즈코(河出西房新社)

21) '이기적인 유전자(利己的な遺伝子)'
리차드 도킨스(Richard Dawkins) (紀伊國屋書店)

Section 2-4

실무로서의 건축을 한다면 이것이다

프로를 목표로 하기 위해서는 우선 이 책을 읽어보자.

사고만으로 건축을 할 수 없다. 실무에서는 정보나 노하우를 가득 담은 매뉴얼의 종류도 반드시 필요하다. 이들은 명저나 필독서라고 하는 것보다 필수적인 책이라고 부르는 것이 맞을지도 모른다.

우선, 실무에서 회피할 수 없는 건축관련법규 자료를 들 수 있다. 이른바 육법전서와 같은 건축관련법규가 콤팩트하게 모여진 책이 여러 출판사로부터 출판되고 있다.

갑자기 법규에 부딪쳐 어려운 경우에는 인덱스 성격의 책도 필요하게 된다. '건축신청(建築申請), memo'가 그 대표적인 사례다. 한정된 시간 속에서 아이디어를 짜내는 발상법 등을 소개한 비즈니스 서적도 유용할 것이다. 이러한 것들은 학교에서는 가르쳐주지 않지만, 실무자의 대부분이 가지고 있는 숨은 베스트셀러라고 말할 수 있는 책이다.

예외 없이 건축의 법규는 난해하다. 한번 읽는 것만으로는 도저히 이해할 수 없다. '건축신청(建築申請), memo' 등의 서적은 일본 건축기준법의 큰 틀을 짜거나, 실무에서는 자주 문제가 되는 법문의 해석을 사용해서 이해하기 쉽게 해설을 해주고 있다. 법규의 개략을 잡는 데는 매우 실용적인 책이다.

한편, 이들 책은 어디까지나 '해설서'에 지나지 않으며 법문 그 자체는 아니다. 그래서 해설서에서 개략을 이해하면 다음에는 그 법문의 큰 테두리를 해석해 이해할 필요가 있다. 실무에서는 법문의 해석이 중요한 논점이 되는 경우가 자주 있다. 관청을 대하는 일을 하는 중에 '법문의 어디어디에 써 있다'라는 논의는 용납되지만, '해설서의 어디어디에 쓰여 있다'라는 설명은 용납되지 않는다.

건축의 프로인 이상 디자인은 건축관련법규에 합당한 것이 되어야만 한다. 그러기 위해서는 해설서를 인덱스로 사용하더라도 반드시 원래의 법문으로 되돌아가 스스로 법해석이 맞는지 검증하는 습관을 몸에 익힐 필요가 있다.

실무를 위한 필독서

제목	저자	출판사
건축공사 표준상세도	공공건축협회/국토교통성	公共建築協会
공공건축공사 표준사양서	공공건축협회/국토교통성	公共建築協会
건축설계자료 집성	일본건축학회	丸善
건축신청 MEMO	건축신청실무연구회	新日本法規出版
건축소방 ADVICE	건축소방실무연구회	新日本法規出版
건축표준법관계 법령집	건축행정회	光和堂
기본건축관계 법령집(법령편)	국토교통성/건축기술자시험연구회	霞ヶ關出版社
기본건축표준법관계 법령집	국토교통성/건축기술연구회	建築資料研究社
발상법	가와키타 지로	中央公論新社
사고의 정리학	도야마 시게히코	筑摩書房
지적 생산의 기술	우메사오 다다오	岩波書店
발상하는 회사!	Tom Kelley	早川書房
건축설계자료 집성 종합편	일본건축학회	丸善
건축설계자료 집성 확장편	일본건축학회	丸善
콤팩트 건축설계자료 집성	일본건축학회	丸善
콤팩트 건축설계자료 집성(거주)	일본건축학회	丸善
콤팩트 건축설계자료 집성(배리어 프리)	일본건축학회	丸善
건축설계자료(전130권 예정)	건축사조연구회	建築資料研究社
건축계획 · 설계 시리즈(전42권)	다카기 미키오	市ヶ谷出版社
오피스 북	오피스북 제작 그룹	彰國社

처음에는 선배에게 빌려도 좋지만 곧 자신에게 필요한 책을 찾게 될 것이다. 그렇게 되면 망설이지 말고 구입하여 반드시 반복해서 사용하게 될 것이다.

Section 2-5

최신 정보를 배운다면 이것이다

명저, 고전과 동시에 현대 디자인, 사상도 접한다.

프로 건축가를 목표로 하기 위해서는 요즘 세상의 동향에도 눈길을 돌릴 필요가 있다.

건축을 배우는 중에 가르치는 사람이나 상사에게 '무턱대고 유행을 뒤좇아서는 안 된다'고 배우게 되는 경우가 자주 있다. 건축은 수십 년, 때에 따라서는 수백 년 간 오래 지속되는 것이기 때문에 유행을 장난삼아 따라가서는 안 된다는 것이 그 생각의 기초가 된다.

하지만 건축이 놓여 있는 사회에 눈을 돌려보면, 실은 이 사회에서도 끊임없이 흔들려 변천하고 있는 것을 알 수 있다. 변하지 않는 원칙에 매달리는 것을 변해가는 사회에서 본다면 변화와 같으며, 유행을 쫓는 것도 본질적으로 차이는 없다고도 생각한다. 바쇼(芭蕉)가 말하는 '불변의 유행'과 같이 불변(보편의 법칙)과 유행(변화하는 모습)이란 상반하는 것이 아니라 그 근본은 하나일지도 모른다.

'지멘카노야' 등의 대단히 개성적인 한편 현대 유행의 조류와는 무관하게 보이는 작품을 계속 만들고 있는 건축가 사이토우 유타가[22]는 이렇게 말했다.

"30대에는 30대밖에 만들 수 없는 건축을 만들고 싶다."

22) 사이토우 유타가(齋藤裕)
독학으로 건축을 공부해 1970년에 사이토우 유타가 건축연구소 설립.
지멘카노야(ちめんかのや)(도쿄도 나카노 구(中野區))는 1988년 작품.

아마도 유행에 관한 감성은 연령과 함께 바뀌는 것 같다. 많은 저자가 유행을 추구해 민감하게 그것에 반응하는 상황은 오히려 당연한 것인지도 모른다. 가장 유행에 민감한 10대 후반부터 20대에 걸쳐 대학의 아카데미즘 속에 묻혀 유행과는 무관한 건축교육에만 접하는 것도 부자연스럽다고 생각한다. 10대에는 10대만이 느낄 수 있는 유행이나 건축이 있어도 이상하지 않다. 인생에서 한때 철저하게 유행을 추구하는 것도 나쁘지 않은 것일지도 모른다.

만약 지금 당신에게 있어서 유행의 건축을 쫓는 것이 가장 마음에 내킨다고 느껴진다면 이것을 철저하게 쫓아가 보는 것이다. 이러한 무언가를 철저하게 추구한 정열은 나중에 건축을 하는데 있어서 어떠한 큰 힘이 될 것임에 틀림이 없다.

르네아오야마 빌딩(도쿄 도 미나토 구)
유리의 더블스킨이 특징으로, 밤에 LED에 의한 일루미네이션을 즐길 수 있다.

현대의 조류를 알 수 있는 책

제목	저자	출판사
1995년 이후, 차세대 건축가가 말하는 현대의 도시와 건축	후지무라 류지	X-KNOWLEDGE
Anyone 건축을 둘러싼 사고 토의의 장	아다 아키라	NTT 出版
아키텍처의 생태계	하마노 사토시	NTT 出版
아틀라스 새로운 건축의 약도	Jesse Reiser	彰国社
바람의 변양체	이토 도요	青土社
종이의 건축 행동하다	반 시게루	筑摩書房
근대건축사	스즈키 히로유키	市ヶ谷出版社
원초적인 미래의 건축	후지모토 소스케	INAX 出版
건축가는 주택에서 무엇을 생각하는가	난바 가즈히코	PHP 研究所
건축은 무엇을 할 수 있는가	하라 히로시	学芸書林
건축의 4층 구조	난바 가즈히코	INAX 出版
건축을 말하다	안도 다다오	東京大学出版会
행동주의 렘 콜하스 문서	다키구치 노리코	TOTO 出版会
주택론	시노하라 가즈오	鹿島出版会
정보의 역사를 읽다	마츠오카 세이고	NTT 出版
신편 주거론	야마모토 리켄	平凡社
슈퍼 가이드 / 건축탐정론 입문	도쿄 건축탐정단	文藝春秋
살며시 건축을 내려놓아 보면	이누이 구미코	INAX 出版
대화·건축의 사고	사카모토 가즈나리, 다키 고지	住まいの圖書出版局
단지 재생계획 / 미캉구미의 리노베이션 카탈로그	미캉구미	INAX 出版
조그마한 도판 모음으로부터 건축에 대해 생각한 것	이시가미 쥰야	INAX 出版
만들어진 가츠라리궁 신화	이노우에 쇼이치	講談社
디자인의 디자인	하라 겐야	岩波書店
디자인의 윤곽	후카사와 나오토	TOTO 出版
동물화되는 포스트모던	아즈마 히로키	講談社
인간의 경계는 어디에 있는가?	Felipe Fernandez-Armesto	岩波書店
빈터와 유원지	아오키 아츠시	王國社
패배하는 건축	구마 겐코	岩波書店
메이드 인 도쿄	가이지마 모모요	鹿島出版会
웃는 주택	이시야마 오사무	筑摩書房

Section 2-6

프로에 있어서도 중요한 전문지 정보

최신 건축사조를 텍스트와 비주얼로 느껴보자.

전 항에서는 최신 건축정보를 배우기 위한 서적을 소개했다. 여기서는 서적 이상으로 새로운 정보와 더불어 정기적으로 전달해주는 건축전문지를 소개한다.

전문지의 최고의 역할은 최신 정보를 주는 것이다. 하지만 프로에게 있어서는 '자신의 작품을 스스로 세상에 묻기 위한 장'으로도 중요한 역할을 완수하고 있다. 이름이 알려진 거장은 예외지만 건축의 프로라고 해서 작품이 갑자기 전문지에 게재되는 것은 아니다. 많은 프로가 게재를 희망하고 있으며 잡지사에 자신의 작품을 가지고 온 것의 대부분이 빛을 보지 못하는 것이 현실이다.

나의 경우에는 사진작가로부터의 소개가 기회가 되어 잡지에 처음 게재되게 되었다. 담당했던 오피스빌딩의 로비에서 사용한 가구가 젊은 신진 아티스트의 작품인데, 그것을 촬영하러 온 사진가인 나카사 다케시(仲佐猛, 나카사 & 파트너사)가 나의 작업이 마음에 들어 미디어를 소개시켜준 것이다.

그러나 한번 게재되었다고 잇달아 작품이 생기는 것도 아니고 또 제작한 작품이 전부 자동적으로 게재될 수도 없다.

전문지에 작품을 계속적으로 실을 수 있는 것은 프로 건축가 중에서도 극히 일부의 사람들에게만 허락되는 특권이다.

이러한 난관을 헤쳐 나갔음에도 불구하고 잡지에 게재된 작품은 아직 옥석혼효(좋은 것과 나쁜 것이 뒤섞여 있음)의 상태이다. 이 중에서 극히 일부가 사회에서 인정받는 작품으로써의 지위를 차지하는 것이 허락된다.

'모든 것은 미디어이며, 미디어는 메시지를 옮기는 것이 아니고 미디어 그것이 메시지다.'(마샬 맥루한)[23)]라는 말이 있다.

즉, 전문지는 미디어이기 때문에 작품은 거기에 실리는 순간 다른 정보로 변질된다. 전문지 속에 나열된 작품 군에서 정말로 우수한 것, 필요로 하고 있는 정보를 스스로 선택할 수 있는 안목, 또 실제로 직접 나가서 살아있는 정보를 접할 수 있는 다리를 단련해나갈 필요가 있다.

23) 마샬 맥루한(Marchall McLuhan)
1911~1980년 캐나다의 미디어에 관한 이론가. 미디어와 메시지에 관한 저서나 방대한 코멘트를 남기고 또 여러 가지 일반대상 미디어에 자기 자신이 등장했다.
이 때문에 1960~70년대 시대에 사랑을 받는 사람으로서도 칭찬받은 것과 동시에 전문가 사이에서는 친부양론이 동요한다. 상기한 유명 아포리즘(Aphorism) 이외에도 '핫/쿨', '글로벌 빌리지' 등 여러 개념을 보였다. 대표적인 저서로는 『미디어론―인간의 확장의 여러 모습』(みすすず書房) 등이 있다.

대표적인 디자인계 건축전문지(그 첫 번째)

<table>
<tr><td rowspan="2">신건축(新建築)</td><td>월간</td><td>新建築社</td></tr>
<tr><td colspan="2">창간 80년을 넘는 역사를 가진 일본을 대표하는 건축잡지</td></tr>
<tr><td rowspan="2">GA JAPAN</td><td>격월</td><td>ADA</td></tr>
<tr><td colspan="2">사진가, (후타가와 유키오)가 이끄는 A.D.A.EDITA Tokyo가 발행하고 있는 건축디자인 잡지</td></tr>
<tr><td rowspan="2">닛케이 아키텍처
(日経 アーキテチュア)</td><td>월2회 발행</td><td>日経BP社</td></tr>
<tr><td colspan="2">닛케이 BP사가 발행하고 있는 건축종합정보지. 다른 미디어가 가지지 않은 여러 면의 단면을 가지고 있다.</td></tr>
<tr><td rowspan="2">건축지식
(建築知識)</td><td>월간</td><td>X-KNOWLEDGE</td></tr>
<tr><td colspan="2">실무에서 활약하는 건축가를 향해 적극적으로 법규나 재료 등 실무정보를 제공하고 있는 잡지</td></tr>
<tr><td rowspan="2">건축노트
(建築ノート)</td><td>연2회 발행</td><td>誠文堂新光社</td></tr>
<tr><td colspan="2">건축디자인 측면에 특히 힘을 실어 일반독자들도 고려한 건축디자인 잡지</td></tr>
<tr><td rowspan="2">건축기술
(建築技術)</td><td>월간</td><td>建築技術</td></tr>
<tr><td colspan="2">건축기술에 기반을 두면서 건축의 전반을 망라해서 취급하는 잡지. 매호 특집 형식이 특징이다.</td></tr>
<tr><td rowspan="2">건축저널
(建築ジャーナル)</td><td>월간</td><td>建築저널</td></tr>
<tr><td colspan="2">건축실무에 종사하는 사람을 대상으로 유저나 클라이언트의 요구를 받아들인 건축잡지</td></tr>
<tr><td rowspan="2">근대건축
(近代建築)</td><td>월간</td><td>近代建築社</td></tr>
<tr><td colspan="2">설계사무소 단위로의 특집, 용도별 특집 등을 특징으로 하는 건축종합지</td></tr>
<tr><td rowspan="2">상점건축
(商店建築)</td><td>월간</td><td>商店建築社</td></tr>
<tr><td colspan="2">상점건축, 점포건축, 호텔건축 등을 전문으로 취급하는 건축정보지</td></tr>
</table>

대표적인 디자인계 건축전문지(그 두 번째)

<table>
<tr><td rowspan="2">JA</td><td>연 4회(절간)</td><td>新建築社</td></tr>
<tr><td colspan="2">일본의 건축디자인을 해외에 소개하는 일 · 영문판 건축디자인誌</td></tr>
<tr><td rowspan="2">a+u</td><td>월간</td><td>エーアンドユー에이 앤드 유</td></tr>
<tr><td colspan="2">세계의 건축디자인을 일본에서 세계로 소개하는 일 · 영문판의 건축디자인誌</td></tr>
<tr><td rowspan="2">Casa BRUTUS</td><td>월간</td><td>マガジンハウスMagazine House</td></tr>
<tr><td colspan="2">인기 남성잡지 BRUTUS에서 파생한 건축디자인의 정보지. 최신 정보를 독자적 단면에서 제공</td></tr>
<tr><td rowspan="2">주택특집
(住宅特集)</td><td>월간</td><td>新建築社</td></tr>
<tr><td colspan="2">신건축의 특집호에서 파생되어 지금은 일본을 대표하는 주택계의 전문지</td></tr>
<tr><td rowspan="2">주택건축
(住宅建築)</td><td>격월간</td><td>建築資料研究社</td></tr>
<tr><td colspan="2">문화로서 거주를 생각하는 관점에서 주택디자인을 전문으로 취급하는 정보지</td></tr>
<tr><td rowspan="2">건축잡지
(建築雜誌)</td><td>월간</td><td>日本建築學会</td></tr>
<tr><td colspan="2">일본건축학회의 회보로 흥미 있는 특집이 많다. 연 1회 작품을 모은 작품선집이 발행된다.</td></tr>
<tr><td rowspan="2">CONFORT</td><td>격월간</td><td>建築資料研究社</td></tr>
<tr><td colspan="2">일본의 인테리어, 디자인, 건축을 높은 밀도로 독자에게 제공하는 것을 목적으로 한 정보지</td></tr>
<tr><td rowspan="2">Pen</td><td>월 2회 발행</td><td>阪急コミュニケーションス
Hankyu communications</td></tr>
<tr><td colspan="2">건축전문지가 아닌 것으로 수호(數号)에 1회 나오는 건축특집의 평판이 좋다.</td></tr>
<tr><td rowspan="2">디테일
(ディテール)</td><td>연 4회(절간)</td><td>彰国社</td></tr>
<tr><td colspan="2">건축의 디테일을 풍부한 드로잉으로 전달하는 실무자를 위한 전문잡지</td></tr>
<tr><td rowspan="2">AXIS</td><td>격월간</td><td>AXIS</td></tr>
<tr><td colspan="2">디자인 전반을 전하는 정보지. 건축이나 인테리어의 정보도 취급하고 있다.</td></tr>
</table>

대표적인 디자인계 건축전문지 (그 세 번째)

잡지	발행처 / 소개
EL croquis	EL croquis 세계의 최첨단 건축디자인 정보를 다루는 것으로 정평이 난 스페인 잡지
The Architectural review	University of Michigan Library 100년을 넘는 역사를 가진 영국의 건축잡지
FRAME	Frame Pub 네덜란드의 인테리어 잡지로 세계 각국의 디자인 정보와 최적의 디자인을 전한다.
MARK	Frame Pub 네덜란드의 건축잡지로 FRAME의 자매지. 일본의 건축가를 자주 다루는 것으로 유명하다.
C3DESIGN	C3DESIGN 한국의 잡지로 독자적 시점으로 세계의 최신 정보를 전하는 건축디자인 잡지
Architectural record	McGraw-Hill 미국에서 예전부터 이어내려 오는 건축종합정보지
2G	G.G 매호 한 명의 건축가를 선정해 소개하는 스페인 건축잡지
DETAIL	DETAIL 세계의 건축을 디테일이라는 단면에서 소개하는 독일의 잡지
THE PLAN	Centauro-srl 세계의 건축을 사진+드로잉으로 소개하는 이탈리아의 건축잡지
CASA BELLA	MONDADORI 건축과 도시디자인을 세계에 소개하는 이탈리아의 잡지. ASJ가 발행하는 일본어판도 있다.
domus	Editoriale Domus 건축, 인테리어, 디자인의 정보를 세계에 소개하는 이탈리아의 잡지
AV	Arquitectura Viva 스페인의 인기 건축잡지. 세계의 건축 트렌드나 건축가를 특집호 형식으로 소개하고 있다.

Section 2-7

건축가의 사상에 직접 접한다

강연회에 나가보자.

본서나 작품에서는 알 수 없는 건축가의 사고방식이나 인생관에 대해서는 그 이야기를 직접 듣는 것이 가장 좋다. 적극적으로 강연회에 나가보자.

일류 건축가의 이야기는 듣는 사람을 끌어들이는 매력이 있다. 그들은 지금의 위치에 도달할 때까지 많은 클라이언트나 이해관계자와 이야기를 주고받고 갖가지 어려움을 극복해온 프레젠테이션의 대가들이다. 그렇다고 해서 반드시 말이 많아야 한다는 것은 아니다.

어떤 건축가는 소박하고 입이 무겁고, 또 어떤 건축가는 열의가 넘쳐 자신이 가진 경험을 살려 발표를 한다. 강연 내용도 중요하지만 건축가의 어조를 배우는 것도 건축의 프로를 목표로 하는 데 있어 대단히 중요하다.

나의 경험으로는 지금부터 25년 정도 전에 아직 내가 건축 프로의 세계에 막 들어왔을 즈음, 도쿄공업대학에서 열린 렘 콜하스[24)]의 강연회의 충격이 잊혀지지 않는다. 구체적인 강연 내용은 기억이 가물가물하지만 강연중 사카모토 가즈나리(坂本一成) 등 저명한 건축가들의 경청하고 있던 표정은 아직도 선명히 기억하고 있다.

24) 렘 콜하스
20세기 후반 이후 가장 영향력을 가지고 있는 건축가 중 한 명. 저널리스트, 각본가로서의 활동 후 영국 AA 스쿨에서 건축을 공부했다.

또한 오는 길에 들른 찻집에서 흥분한 어조로 강연의 내용을 되돌아보고 있던 세지마 가즈요와의 즐거운 대화, 그리고 이토 도요 사무소에서도 많은 멤버가 그 강연회에 참석했던 것 같은데, 그 후 강연회에서 촉발된 듯한 형태로 등장한 센다이 미디어 테크의 콤페 안 등, 건축적 사건이 하나의 강연회에서 일어나는 모습을 실제로 보았다.

같은 무렵, 닛켄설계에서 실러캔스[25)]의 일원으로 강연을 해준 고지마 가즈히로의 "내가 닛켄에 있으면 장난삼아 아틀리에의 방법을 모방하는 것이 아니라, 닛켄의 기술력이나 리소스를 철저히 사용할 것이다."라는 한 마디는 나의 방향성을 결정지었다.

또한 회사 내에서 큰 진전이 없어 퇴직마저 생각하고 있던 때에 당시 부사장이었던 하야시 쇼우지가 "회사를 하루에 한번 정도는 그만두고 싶다는 생각이 든다고 말하는 것은 착실한 사람이라는 증거입니다. 건축이란 그런 일입니다."라는 말은 지금도 어려울 때마다 마음에 메아리쳐 힘을 북돋아준다.

잡지나 웹상의 정보, 친구나 선배의 정보망을 잘 활용해서 강연회 정보를 한데 모아 자신이 따르는 건축가의 강연은 놓치지 말고 참가하자.

25) 실러캔스(Coelacanth)
1986년 고지마 가즈히로가 중심이 되어 대학원 재학중에 공동으로 설립한 건축설계사무소.
팀은 그 후 변천을 반복해 현재는 C+A그룹과 Coelacanth K&H로 정리되었다.

건축가의 강연회 정보 검토

□ 건축전문지의 강연회 정보란을 체크한다.
□ 학교에 안내장이나 포스터가 온 것이 없는가 확인한다.
□ 멘토에게도 들어보자. 미공개 정보를 얻을 수 있을지도 모른다.
□ 마음에 드는 건축가가 있으면 성실하게 블로그를 체크하고 강연회 정보를 미리 얻자. 건축가란 자신의 이야기를 듣고 싶어 하는 사람이 강연회에 와 주었으면 할 것이다.
□ 정보통의 블로그를 체크한다.
□ 마지막에는 웹이나 검색엔진에서 철저히 조사한다.

예를 들면
신건축의 강연회 · 세미나 정보
http://www.shinkenchiku.net/sk/
널리 알려져 있는 신건축의 사이트. 현시점에서 강연회나 세미나의 정보가 가장 충실한 사이트이기도 하다. '강연회 · 세미나'를 클릭해보자.

KENCHIKU
http://www.kenchiku.co.jp
건축관련 정보의 포털사이트. 광범위한 건축정보가 게재되어 있다. 강연회 정보는 '이벤트'를 클릭한다.

Section 2-8

건축이란 경험하는 것이다

건축 견학에 앞서서 건축물의 위치정보를 미리 찾아두자.

건축을 배우는 가장 좋은 방법 중 하나는 실제로 보러 가는 것이다. 보고 싶은 건물을 리스트 업해서 찾아내고, 묻고 보고, 경험해서 기록하는 것으로 건축을 직접적으로 배운다.

우선은 리스트업 한다. 가장 일반적인 정보의 출처는 건축전문지나 서적으로부터의 정보일 것이다. 공공시설이나 상업시설이라면 건축잡지에 게재되어 있는 개략적인 지도나 주소로 소재지를 알 수 있을 것이다.

이미 건설 후 몇 년 경과한 작품이나 역사적인 걸작이라면 건축물의 위치정보가 상세하게 기록된 건축지도류의 책에 정보가 리스트업 되어 있을 것이다. 웹상에도 같은 정보는 많이 있다. 개략적인 위치정보도 Google Map이나 Google Earth의 항공사진, Street View를 사용하면 사전에 정확한 장소나 주변의 상세한 정보도 찾을 수 있다.

웹을 통한 사전조사 후 실제 장소에 도착하면 이미 방문해버린 듯한 기분이 들 수도 있지만 그것에 사로 잡혀서는 안 된다. 명작은 실제로 접했을 때에 예상을 뛰어넘는 감동을 주는 것이다. 단, 그 감동은 해머로 얻어맞는 것 같은 충격을 주기도 하지만 건물을 돌아다니는 동안 천천히 스며들어오는 것도 있다. 그래서 건물이 있는 곳에 도착한 순간 건물의 중요한 앵글을 단순히 디지털 카메라에 담는 것에 만족하는 듯한, 혹은 단지 방문 그 자체를 목적으로 하는 듯한 견학은 피하자. 최대한 시간을 투자해 그 건물을 경험하는 것을 목적으로 해야 한다.

학생 때, 나는 르코르뷔지에의 롱샹성당[26](프랑스)까지 배낭여행을 통해 겨우 도착했다. 교회 앞에 선 순간 생각지도 못한 흥분으로 큰소리를 내 버렸다. 그 결과 신부님에게 혼이 나고 어렵게 도착했음에도 불구하고 내부에 들어갈 수조차 없게 되었다. 내게 있어서는 명작건축이지만 주변의 사람들이나 신부님에게 있어서는 신성한 장소라는 것을 미처 깨닫지 못했던 것이다.

그러나 이곳을 떠날 수가 없어서 수 시간 정도 건물 주변을 서성거리며 교회의 신성함과 자신의 어리석음을 통감할 즈음, 돌연 문이 열리면서 신부님이 불렀을 때의 감동은 지금도 잊을 수 없다.

뒤돌아보면 부끄러운 경험이지만, 이후에 '건축이란 경험하는 것'이라는 것을 알게 되었다.

26) 롱샹성당
프랑스의 동부의 작은 마을 롱샹에 위치한 예배당.
1955년에 준공.
모더니즘, 기능주의의 중심이 된 르코르뷔지에가 설계한 모더니즘의 패러다임을 넘은 작품.

건축 MAP계의 책에서 위치정보를 구하자

건축을 경험하기 위해서는 사전에 위치정보를 찾아두자. 여기서는 건축 MAP계의 책을 소개하려 한다.

건축 MAP 도쿄 · 도쿄2
건축 MAP 도쿄 mini · 도쿄2 mini
건축 MAP 규슈/오키나와
건축 MAP 오사카/고베
건축 MAP 교토
건축 MAP 교토 mini
건축 MAP 요코하마 · 가마쿠라
(이상 TOTO출판 '건축 MAP 규슈/오키나와'만 TOTO 편저)

건축구루메 MAP 도쿄를 걷자!
건축구루메 MAP 중국 · 시코쿠를 걷자!
건축구루메 MAP 규슈 · 오키나와를 걷자!
건축구루메 MAP 홋카이도 · 토우호쿠를 걷자!
(이상 미야모토 가즈요시 외 X-KNOWLEDGE)

타이틀	저자	출판사
도쿄아트 & 인테리어 MAP	-	GAP Japan
도쿄 건축가이드 MAP	구라카타 슌스케 외	X-KNOWLEDGE
유럽 건축안내 (1) ~ (3)	후치가미 마사유키 외	TOTO 出版
르코르뷔지에를 걷자	요시노 히로시	X-KNOWLEDGE
미국 건축안내 (1) ~ (2)	후치가미 마사유키 외	TOTO 出版
세계의 건축거리 가이드 (1)~(6)	하뉴 슈지 외	X-KNOWLEDGE

그 외 대부분의 대도시에서 건축전문서점을 방문하면 그 도시의 영문 건축가이드북을 구할 수 있다. 지금은 amazon 등을 통해서 여행 전에 이들의 가이드북을 구하는 것도 가능하다.

웹에서 위치정보를 구한다

아래의 웹에는 건물의 위치정보가 많이 들어 있다.

▸ ARCHITECTURAL MAP　　http://www.archi-map.jp
자유검색 외에 지역별, 설계자별, 건물 명칭별, 프리츠커상, DOCOMOMO 등의 인덱스가 있다.

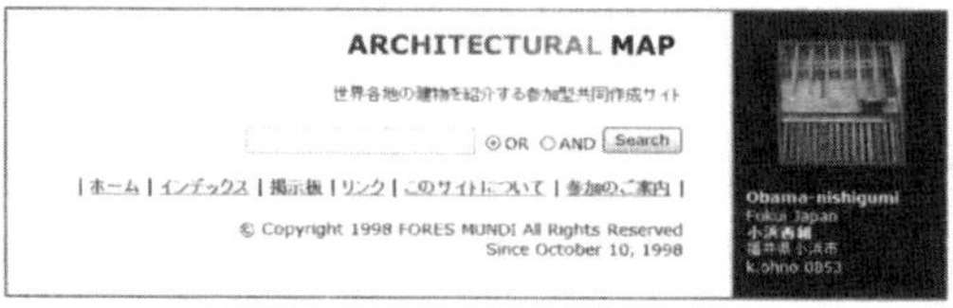

▸ 건축잡지 index　　http://www.nanyodo.co.jp/kzin/kzi_top.html
건축전문서점인 난요도가 운영하고 있는 유료 건축잡지 검색엔진. 찾고 있는 건물이 게재되어 있는 잡지를 빠르게 검색하는 것이 가능하다.

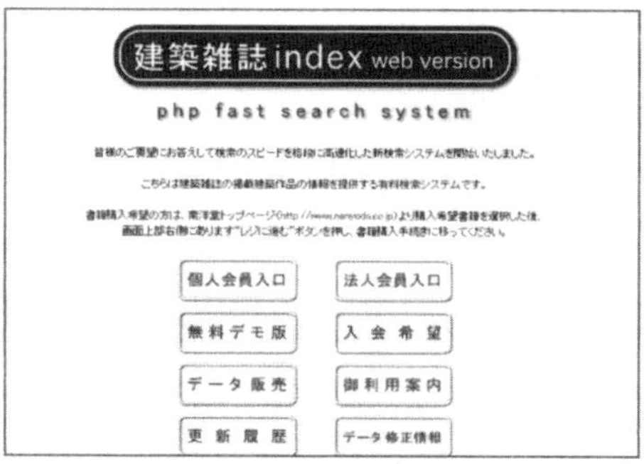

▸ 도쿄 건물 도감　　http://archi.cside.com/tatesya.html
건물을 폭넓게 망라하고 있다. 도쿄만이 아니라 전국, 그리고 미국, 프랑스의 건물정보 등 대단히 광범위한 한편 방대한 정보가 게재되어 있다.

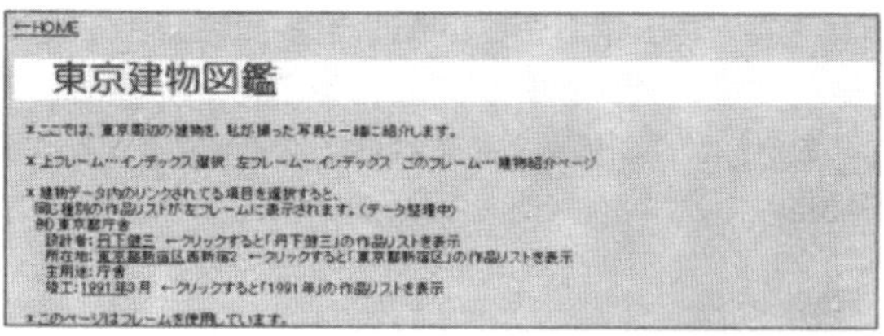

Google Map이나 Google Earth로 위치를 확인한다

Google Map도 Google Earth도 사용하기 쉽고 깊이가 있다. 철저하게 여러 용도로 사용해보자.

▶ Google Map

웹상에서 액세스할 수 있는 디지털지도. 지도만이 아니라 항공사진, 지형, 그리고 눈높이에서 바라본 거리의 사진(스트리트 뷰)을 볼 수 있다. 항공사진으로 확인하면 목적하는 건축의 정확한 위치를 알 수 있다.

http://maps.google.co.jp/

상세한 사용법은 다음 사이트에서 찾아보자.

Google Mania

http://google-mania.net/webservice/googlemap#toc-googlemaps/

▶ Google Earth

Google Map이 판형지도를 디지털화한 것이라면 Google Earth는 지구의를 디지털화한 이미지다. 지구상의 지형이 재현되어 주요한 도시는 건축물까지도 입체화 되어 있다. 거기에 해저, 하늘, 과거의 지도에도 액세스가 가능하다.

Google Earth는 Google map과 다르게 컴퓨터상에서 작동하는 독립된 어플리케이션이다. 다운로드 및 사용법은 다음의 사이트에서 참조하기 바란다.

http://earth.google.co.jp/

건축을 기억에 새겨 넣자

건축을 보고 느낀다면 다음은 기록이다.

건축물을 막연히 보고, 직감적으로 느끼는 것—이것이 필요하다. 한편으로는 건축을 배우기 위해 건축을 분석적으로 읽고 해석하여 이성적으로 파악하는 것도 중요하다. 마지막에는 직감적으로 느낀 것도 이성적으로 해석한 것도 기억에 새겨, 프로 건축가로서의 밑거름으로 삼는 것도 빠뜨릴 수 없다.

건축을 이성적으로 이해하기 위해서는 다음의 세 가지 방법이 효과가 있다고 생각한다.

① 메모를 한다

간단한 메모 패드면 된다. 산문형식도 좋다. 이해한 것을 써나가 보자. Twitter에 올려보는 것도, 좀더 확실히 논하고자 한다면 블로그를 쓰는 것도 좋은 방법이 될 것이다.

② 스케치와 실측

스케치가 직감적인 전체 파악이라고 한다면, 실측은 건축의 보다 부분적인 것을 이성적으로 파악하기 위한 수단이라고도 말할 수 있다. ①번과 ②번을 위해 많은 건축가가 스케치북을 사용하고 있다. 공들인 스케치를 소중히 한다면 두꺼운 도화지 타입의 스케치북을 지향한다. 그림에 소질이 있다면 수채화물감이나 색연필로 색칠해도 좋다. 스케치는 서투르지만, 어쨌든 자신있게 그려보고 싶은 사람은 얇은 종이로 된 크로키북이나 수첩이 편리해 장소에 구애를 받지 않고 스케치를 할 수 있다.

참고로 나는 후자에 속한다. 스케일이 들어간 평면도 등도 그리고 싶기 때문에 5mm의 방안이 옅은 선으로 들어간 얇은 종이질의 스케치북을 사용해 연필과 가는 사인펜 혹은 수성볼펜으로 스케치를 하는 경우가 많다. 꼭 이렇다 할 방법은 없으므로 시행착오를 통해 자신의 손에 익숙한 도구를 찾아보자. 자신의 손에 익숙한 도구를 찾을 때까지 시행착오를 해보자.

③ 사진을 찍는다

건축의 경우는 촬영 대상이 한 장의 사진에 담기 어려운 대형이거나 빛이 충분하지 않은 실내 인테리어이거나 하는 경우가 많기 때문에, 광각렌즈(표준 환산으로 24mm 이하)를 탑재한 기종이나 조금 어두운 장소에서도 촬영이 가능한 기종이 사용하기 편리하다.

최근에는 파노라마 사진을 디지털 카메라만으로 합성해서 초광각의 촬영이 가능한 카메라도 있다. 나도 그런 타입의 콤팩트 디지털 카메라를 사용하고 있다. 건축물의 촬영 시에는 디테일 등을 포함하면 촬영 매수가 많아지는 경우가 자주 있으므로 배터리 부족을 대비하여 예비 배터리 등을 적절히 사서 준비해두는 것도 좋을 것이다.

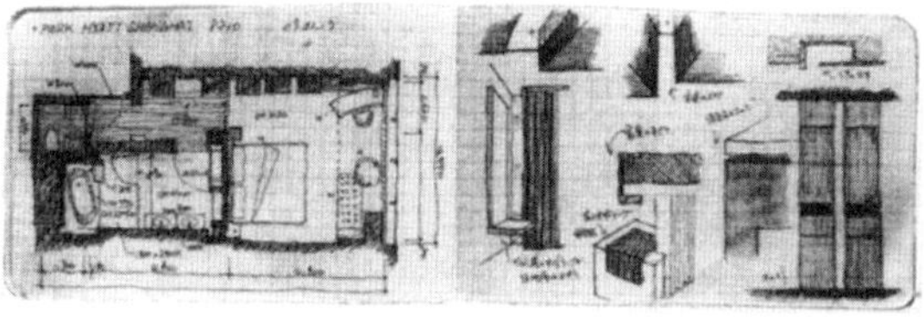

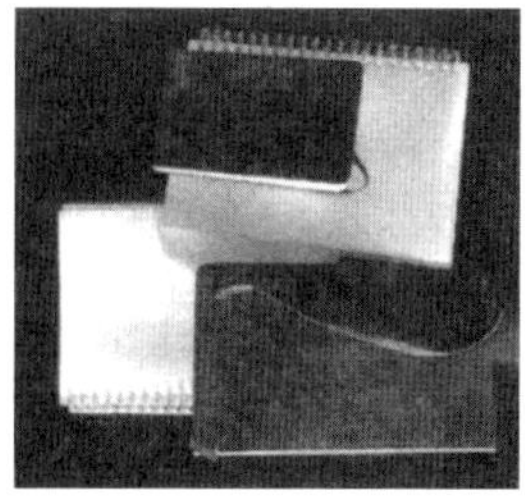

▲ 머물렀던 호텔의 스케치
► 여행에 지참했던 스케치북에서

호텔 각 실의 실측순서

내가 우라 가즈야에게 배운 방법을 소개한다. 긴 시간이 지나는 동안 우라의 방법을 마음대로 간략화해버렸지만 이정도면 누구라도 가능할 것이다.

필요한 것

- 5mm 방안이 들어간 크로키 북
(우라는 호텔의 무늬 없는 편지지를 사용한다)
- 자
- 레이저 측정기

1. 1/100 정도로 익숙해지면 1/50의 스케일을 의식해서 우선 평면의 아우트라인을 스케치한다.

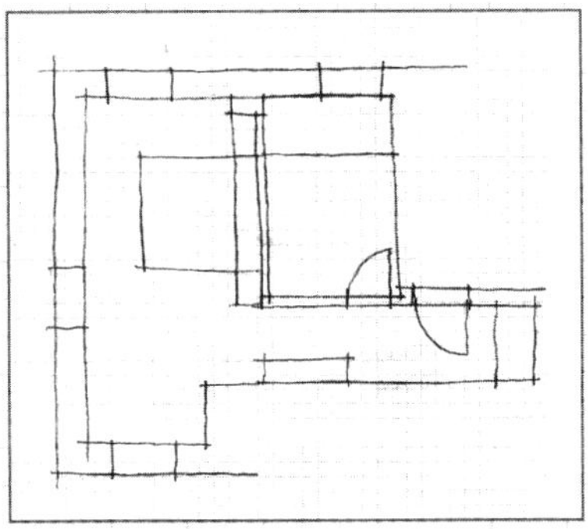

2. 실제로 치수를 측정하지 말고 비례에 의지해 감각적으로 그림으로써 공간의 밸런스가 머리에 들어오게 된다. 계측하면서 그리면 안 된다.

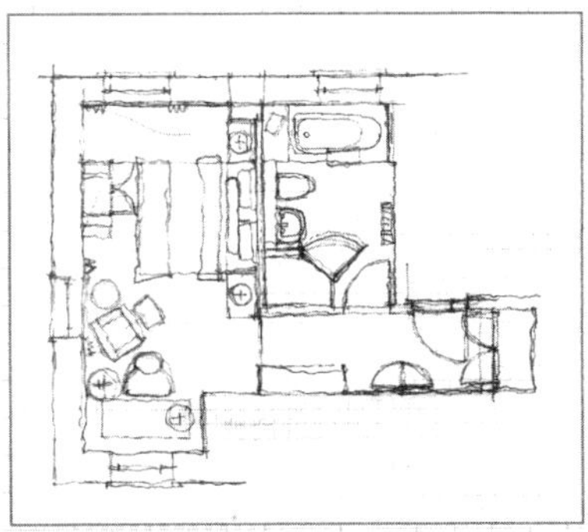

3. 대략적인 스케치가 그려지면 디테일을 더해가며 마음에 드는 펜으로 진하게 그린다. 연필이 가진 느낌을 좋아한다면 펜으로 진하게 그리지 않아도 된다. 다음에는 대략적인 치수부터 측정해간다. 레이저 측정기를 사용하면 보다 편리하다. 보통은 자를 사용한다. 마음에 드는 치수를 철저하게 측정하고 디테일 스케치를 더해 거기에 그려 넣는다. 현장에서 그리는 야전감각이 중요하다.

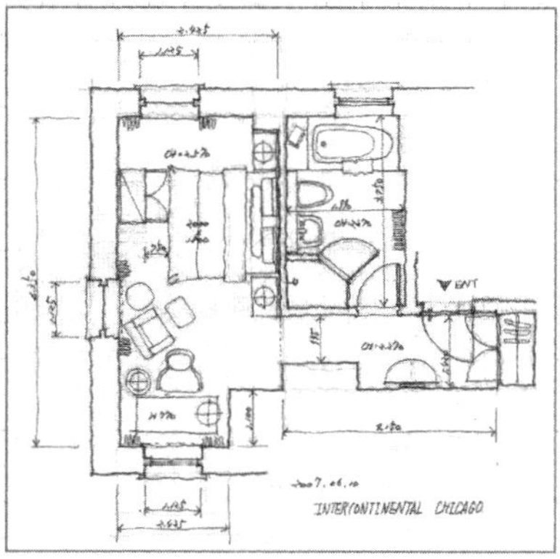

4. 마지막에는 색을 입혀보자. 나는 연필로 명암을 넣는 정도이다. 즉시 자신의 방을 실측해보자.

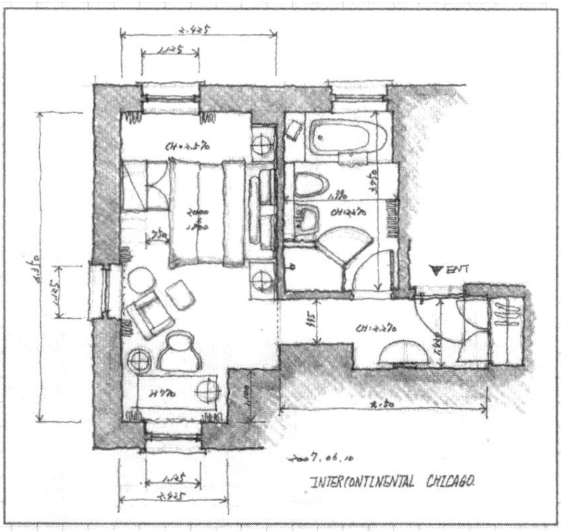

스케치와 실측을 몸에 익힐 수 있는 참고서

스케치와 실측은 건축 프로를 목적으로 하는 데 있어서 반드시 몸에 익히고 싶은 기본적인 기술이다. 스케치가 능숙하지 않으면 우선 능숙하게 그리려고 생각하지 말고 여러 가지를 다양하게 그리는 것에 전념해보자. 그리고 여러 가지를 다양하게 그릴 수 있게 되면 능숙한 사람의 스케치를 참고해서 그 느낌을 받아들여 솜씨를 늘려가자. 참고서는 아래와 같다.

스케치로 배우는 명 디테일(スケッチで学ぶ名ディール)	엔도쇼칸 著, 닛케이 아키텍처 편, 닛케이 BP사
	메타볼리즘을 주창한 건축가 기쿠타케 기요노리를 오랜 세월 지지한 엔도씨의 실측과 스케치는 건축디자인의 프로의 스케치로서 유명하며 일견의 가치가 있다.
데즈카 다카하루의 손으로 그리는 투시도(手塚貴晴の手で描くパース)	데즈카 다카하루 著, 彰国社
	건축가로 도쿄도시대학의 교수이기도 한 데즈카씨는 작품이 발표될 때에 초기 이미지를 전하는 매력적인 손으로 그린 투시도를 동시에 발표한다. 그 책은 데즈카씨의 투시도의 매력을 집약적으로 전해준다.
여행은 게스트 룸(旅はゲストルーム)	우라 가즈야 著, 光文社
	닛켄 스페이스 디자인의 사장인 우라 가즈야는 실은 나의 스승이다. 함께 업무를 하고 있을 때 실측의 노하우를 가르쳐준 사람이다. 우라씨의 능숙한 스케치를 꼭 봐야 한다.
갓파가 엿본 유럽(河童が覗いたヨーロッパ)	이모오 갓파 著, 新潮社
	건축가는 아니지만 무대미술가인 이모오씨가 그린 스케치는 곤와지로의 고현학을 방불케 한다. 스케치에 더해 코멘트의 중요성을 가르쳐주는 책이기도 하다.
고현학 입문(考現学入門)	곤와지로 著, 후지모리 테르노부 편, 筑摩書房
	고현학의 본가가 쓴 고현학의 입문서. 스케치가 있고 온갖 방법으로 사용하는 것을 가르쳐 준다. 물론 본문도 필독해야 할 한 권의 책이다.
아키텍트 · 스케치 · 웍스 (1)~(3)(アーテクト · スケッチ · ワークス(1)~(3))	후치가미 마사유키 著, 그래픽사
	유명건축가가 쓴 스케치와 실제로 만든 작품의 양쪽 모두를 한 권으로 보는 것이 가능하다. 유명건축가가 그린 스케치는 여기저기에서 볼 수 있지만 모아서 보고 싶을 경우에는 이 책을 보자.

Section 2-10

여행은 최고의 건축수행이다

건축가의 여행에는 많은 스케치와 사진을…

많은 건축가가 여행을 통해서 건축을 배워 왔다. 배우는 것 자체를 목적으로 한 여행도 있지만 여행 중에 건축을 만나 눈뜨게 뇐 성우도 있다. 여행에서 만난 건축이 건축가에게 충격을 준 사례는 일일이 셀 수가 없다.

안도 다다오나 르코르뷔지에는 '건축가'와 '여행'이라는 키워드로 가장 먼저 떠오르는 이름이다. 안도는 왜 건축의 길을 선택한 것일까 라는 질문에 대해 다음과 같이 대답하고 있다.

"젊은 시절부터 거듭한 여행과정에서의 여러 가지 건축, 도시와의 만남이 건축가로서의 나에게 피가 되고 살이 되고 있다. 그들 하나하나의 건축에 이끌려 건축의 세계로 끌려들어 갔다." 『건축학 – 교과서 중』

여행의 내용은 연령과 함께 바뀐다. 진정한 배낭여행은 젊을 때밖에 할 수 없다. 지금밖에 할 수 없는 여행을 체험해보자.

건축가의 여행에는 스케치와 사진을

1907년 20살의 코르뷔지에는 이탈리아로 2개월 반의 여행을 떠났다. 그 후 몇몇 유럽의 도시를 돌아다닌 후 1911년 드레스덴(Dresden)을 출발해 동방으로의 발길을 향했다.
친구와 함께 순회한 여행 중에 코르뷔지에는 건축의 기억을 6권의 스케치북과 수백 매의 사진에 담았다. 당초 출판예정도 있었지만 전쟁으로 창고에 보관하게 되어 말년에 출판된 것이 『동방으로의 여행』이다. 건축을 목적으로 하는 저자가 이방으로 처음 여행을 떠날 때 추천하는 한 권의 책이다.

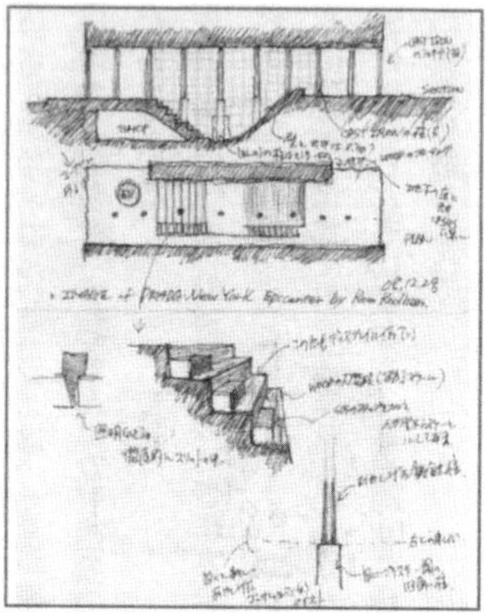

프라다 뉴욕 스토어(OMA, 뉴욕)

구겐하임미술관
(프랭크로이드 라이트, 뉴욕)

건축가의 여행에는 스케치와 사진이 항상 따라 다닌다.
나도 서투른 스케치를 그리거나 몇 백 장의 사진을 찍거나 한다. 어느 쪽이나 능숙하다 능숙하지 않다기보다, 그리거나 촬영하거나 하는 것으로 건축을 이해하거나 보다 깊게 기억을 새겨 넣는 것의 의미가 더욱 크다.
능숙하지 않아도 상관없으니 야무지게 그리거나 촬영해보자.

프로젝트의 아이디어 스케치

여행이 한창일 때 그린 스케치는 눈에 띈 건축에 국한하지 않는다. 지금 맡고 있는 프로젝트의 스케치나 건축적인 아이디어는 업무의 장소 이상으로 여행의 자극과 여유 속에서 발견되는 경우가 많다.

나도 여행이나 출장 도중에 스케치를 그린다. 물론 프로젝트 팀의 멤버에게 보여주기 위한 것이 아니고, 이들은 어디까지나 자기 자신의 아이디어를 기르는 자신만의 것이다. 그래서 능숙하지 않아도 상관없다. 남의 눈 따위 신경 쓰지 말고 즐겁게 그리는 것이 중요하다. 미국에서 그린 스케치는 자신 없는 영어로 메모가 되어 있기도 한다. 나 자신만의 즐거움인 것이다.

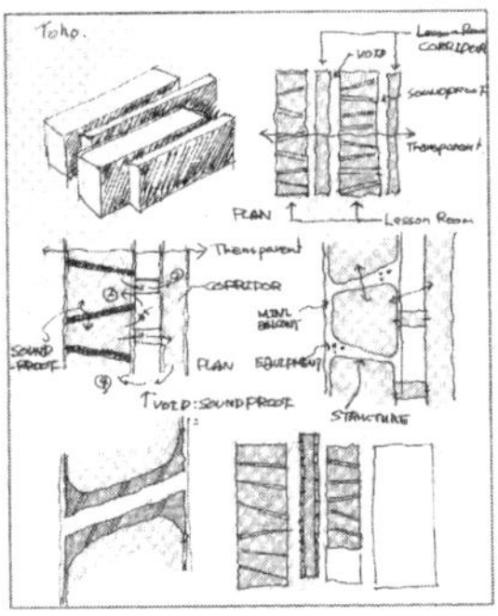

음악대학의 방음과 구조시스템의 연구

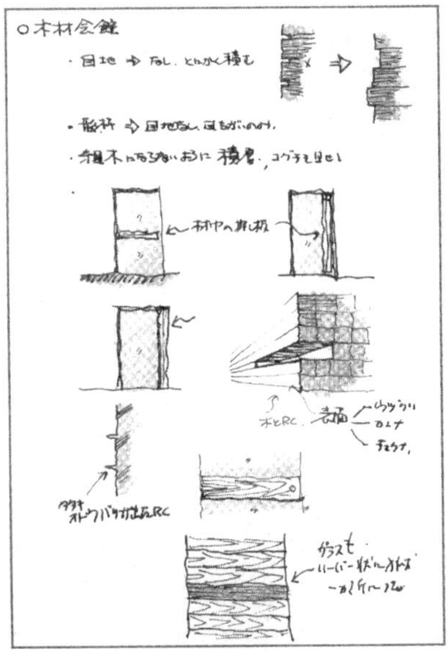

목재회관의 인테리어 디테일 연구

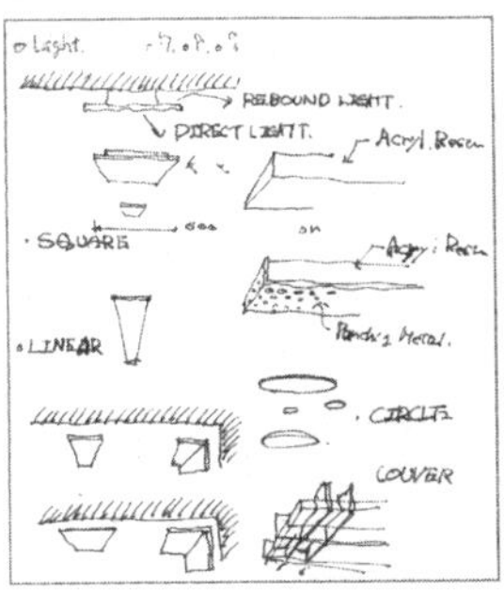

오피스빌딩의 조명시스템 연구

건축 가이드북

'지구를 걷는 방법'(지구를 걷는 방법 편집실, 다이아몬드 빅社) 시리즈는 일본의 해외여행용 가이드북의 기본으로 여행에 필요한 정보가 망라되어 있다. 단, 건축물의 정보가 되는가 라고 묻는다면 약간 부족하다.

전문적인 건축 가이드북은 각 나라의 건축전문서점에서 찾으면 좋지만, 언제나 문제가 되는 것은 일반교양으로써 다른 나라에 있는 역사적인 건축물 등의 정보를 보완해주는 가이드북이 일본에서는 하기 어려운 것이 현실이다.

내가 학생시절에는 미쉐린(MICHELIN)의 여행용 가이드북이 상세한 건축정보를 망라하고 있어서 유용했지만 지금은 프랑스어 판으로만 되어 있다.

최근 이용하고 있는 것은 『DK EYEWITNESS TRAVEL』의 시리즈다. 영어판이지만 세계 공통으로 사용되도록 표현은 평이하고 풍부한 도판이 재미있다. 건축에 관한 기재도 일본 가이드북의 상식을 넘는 충실한 내용으로 기재되어 있다. 매년 정보가 갱신되고 있는 것도 장점이다. 레스토랑 정보를 지구를 걷는 방법과 비교해보는 것도 재미있다(일본인이 별로 가지 않는 가게에도 가볼 수 있다). 아래의 웹사이트에 자세한 정보가 있다.

http://us.dk.com/static/cs/us/11/travel/intro.html

amazon의 외국서적 코너에서도 살 수 있으므로 여행 전에 구입해 비행기 안에서 읽어보는 것도 좋다.

물론 최신 정보 수집은 인터넷을 이용하자.

Section 2-11

건축가의 일터로 찾아 들어가라... 그 첫 번째

아르바이트를 해보자

관심 있는 건축가가 실전의 장에서 어떻게 창조적인 행위를 하고 있는가는 반드시 자신의 눈으로 보고 싶을 것이다.

그럴 때 좋은 방법은 아르바이트를 통해 건축가의 일터에 직접 들어가 보는 것이다. 많은 설계사무소가 학생을 아르바이트로 임시 고용하는 제도를 가지고 있다. 아르바이트 비용은 낮고 맡겨진 일의 대부분은 모형제작이긴 하지만 실무를 접해볼 수 있다.

별도의 교육을 받지 않고도 일할 수 있는 능력이 있는 학생이라면 아르바이트의 기회는 확실히 늘어난다. 많은 설계사무소가 학생 아르바이트에 기대하고 있는 것은 시간과 비용이 필요한 모형작업이다. 빠른 속도로 훌륭하게 모형을 만들 수 있는 학생은 회사 측에서도 절대 놓치지 않을 것이다. 게다가 최근에는 3차원 소프트웨어를 사용해 간단한 CG 작업을 하고, 일러스트레이터(adobe) 등을 사용해 프레젠테이션용 그래픽을 작성할 수 있는 등의 스킬(skill)도 중요하게 사용된다.

평소 과제를 통해 연마한 스킬이 아르바이트 획득에도 도움이 되는 것이다.

설계사무소의 아르바이트 정보를 찾자

유명건축가의 사무소에서 일하고 싶어도 정보는 매우 제한적으로밖에 얻을 수 없다. 아르바이트 정보를 구하는 방법에 관해서는 아래를 참고하기 바란다.

연구실의 조교에게 정보를 구한다.	연구실에서 조교로 근무하는 세대는 대부분 동기들이 설계사무소에서 힘을 쓰기 시작하는 세대와 겹친다. 나도 사무소에서 학생 아르바이트가 부족할 때 대학에서 조교로 근무하는 친구에게 전화를 했다. 연구실에 드나들며 조교에게 아르바이트 정보를 받아 보자.
대학원에서 정보를 구한다.	대학원의 1, 2년 선배는 먼저 설계사무소에 들어가 자리를 잡은 선배로부터 학생 아르바이트의 조달을 의뢰받는 경우가 많다. 아마도 처음에 전화를 해서 연락하게 되는 것이 같은 연구실에 소속된 선배일 것이다. 대학원생이든 학부생이든 아르바이트로 담당하는 것은 모형제작이 많다. 두려워하지 말고 대학원생 선배에게 정보를 나눠 받자.
먼저 아르바이트하고 있는 친구에게 소개를 받는다.	주변을 보면 설계사무소에서 아르바이트하고 있는 지인이나 선배가 있을 것이다. 일손이 부족하게 됐거나 그 사람 스스로 아르바이트를 그만 둘 때에 보완요원으로 소개받을 수 있도록 교섭해보자. 효과가 있을 것이다. 하지만 유명 사무소나 유명 아틀리에에서의 아르바이트 희망자는 많고 기회가 적다. 대상을 넓히고 확대해 아르바이트장소를 생각하면 자연히 기회도 넓어질 것이다.
스킬을 몸에 익힌다.	학생 아르바이트라 하더라도 고용하는 입장에서 보면 능력이 많은 학생 쪽이 더 반갑다. '모형을 잘 만든다'라는 것을 어필할 수 있다면 아르바이트를 얻게 될 가능성이 높다. 최근에는 모형과 마찬가지로 Photoshop이나 Illustrator라는 그래픽 소프트웨어, 3차원 CAD나 CG소프트웨어 등을 사용할 수 있는 학생이 환영받고 있다. 아르바이트의 기회도 늘어나고 무엇보다도 자신의 설계과제인 프레젠테이션 실력을 높일 수 있게 레벨업되기 때문에 일석이조가 될 수 있다.

Section 2-12

건축가의 일터에 찾아 들어가라... 그 두 번째

오픈데스크나 인턴십이라는 방법도 있다.

건축가의 사무소에 들어가는 데에는 아르바이트 외에 오픈데스크라고 불리고 있는 방법도 있다. 이것은 '건축가가 사무소의 문을 열고 건축을 배우는 학생에게 실무를 체험시킨다'는 것을 목적으로 하고 있다. 학생은 일정한 기간 동안 설계사무소에서 모형 제작 등의 일에 종사하는 것이 가능하다.

일본건축가협회가 실시한 앙케트에서는 참가한 학생의 거의 100%가 '많은 공부가 되었다'라는 평가를 보내고 있다. 유명무명을 떠나 건축가의 홈페이지를 차분히 찾아다녀 보면 오픈데스크[*역자주1]를 모집하고 있는 사무소는 많이 있다('2008년도 오픈데스크에 관한 앙케트 회답결과'에서).

한편, 건축사법[*역자주2]의 개정에 의해 2009년부터 대학원에서는 인턴십이라고 불리는 건축사 취득을 전제로 한 실무실습제도가 시작되었다. 학생의 자격으로 설계사무실을 체험할 수 있는 기회가 늘어날 것이다.

인턴십이나 오픈데스크가 아르바이트와 가장 큰 차이점은 교육의 일환으로써 자리매김하고 있기 때문에 원칙적으로 무보수라는 것이다. 부여되는 작업에 관해서는 큰 차이점이 없는 경우가 많다. 어느 쪽이든 설계사무소를 직접 경험해보는 것이 가능하다.

*역자주 1 : 오픈데스크란 설계사무소에서 건축가를 목표로 하는 학생에게 실무를 경험하게 해주는 일본의 제도 중 하나이다.
오픈데스크를 필수로 하는 학교의 경우 학점으로 인정하기도 하며, 주로 CAD나 모형제작을 담당한다.

*역자주 2 : 한국도 5년 이상 인증된 대학교육 과정을 이수한 뒤 3년간 실무를 거쳐야 건축사 자격시험에 응시할 수 있다는 내용을 골자로 건축사법이 개정「11. 5. 30 공포, 12. 5. 31 시행」되었다.

주변에서도 아르바이트, 인턴십, 오픈데스크 등에서 학생시절부터 사무소에 드나들며 입사시험을 거치지 않고 들어온 직원이 늘고 있다. 이것은 시험이나 면접이라는 제한된 시간에 직무가 적성이나 성격에 맞는지를 보는 것보다, 일정 기간 그 사무소에서 같이 일하면서 차분히 겪어본 후에 입사하는 것이 양자에게 있어서 바람직하기 때문이다.

설계사무소 입장에서도 시험 한 번으로 합격과 불합격을 결정하는 것이 아닌 실력을 충분히 가늠해 볼 수 있는 기회가 되기 때문에, 무엇보다도 함께 일할 수 있는 동료가 될 수 있는 사람인지 신중히 지켜보는 것이 가능하다. 학생 입장에서는 취직 후에 '이럴 줄 몰랐다'라는 회의감을 최소한으로 줄일 수 있는 장점이 있다.

한편, 실력이 없는 학생은 곧 드러나게 되고, 또한 설계업무에 대해 비전이 없다고 판단한 학생은 다른 길을 찾을 수도 있다. 서로에게 있어 냉정한 환경이기도 하다.

Section 2-13

건축에 관해서 조사해라

반드시 상위 정보까지 거슬러 올라가 보자.

인터넷상의 백과사전에 있는 Wikipedia[27)]를 학술논문을 쓸 때에도 참조할 수 있는 시대가 되었다. 건축에 관해 조사하는 경우에도 인터넷을 사용하지 않을 수는 없다.

여기서 중요한 것은 인터넷을 '정보의 인덱스(색인)'로 사용하는 것이다. 정보를 얻으면 상위 정보까지 접근(액세스)해보자. 어떤 건축이 명작이 되어 있으면 실제로 그곳을 찾아보자. 검색으로 우연히 찾은 누군가의 블로그나 글의 내용을 그대로 믿는 것은 피하는 것이 좋다. 그중 인터넷상이라 해도 신뢰할 수 있는 정보를 제공해주는 알파블로거[28)]가 있는 곳을 찾아내어 정보의 사실 여부를 분별할 수 있는 능력도 몸에 익히게 될 것이다.

건축에 관해 조사하는 데 있어 기본이 되는 도구는 검색엔진, 도서관, 인터넷 서점, 트위터 검색 4가지 정도를 꼽을 수 있다. 검색엔진(서치엔진)은 인터넷상에서 간편하게 사용할 수 있다는 점이 편리하다.

27) Wikipedia

Wikipedia 재단이 주최하고 있는 인터넷상의 백과사전. 세계 사람들이 자진해서 집필, 수정을 하고 이용료도 무료다. 2001년에 개시된 프로젝트이다. 당시에는 누구나 쓸 수 있는 백과사전이라는 것으로 신빙성 등에 관해 많은 이의가 제기되었다. 하지만 현재는 인터넷상의 상호감시기능이 움직여서인지 가장 빠르고 신빙성이 높고, 그리고 가장 많이 이용되고 있는 백과사전이 되었다.

28) 알파블로거

여론을 움직일 만큼 강한 영향력을 가진 블로거(블로그 주최자)의 호칭. 해외에서는 A-list blogger라고 부른다. 요즘은 알파블로거의 코멘트가 서적이나 상품의 매상을 크게 좌우한다고 한다.

기본적으로는 검색란에 '건축 책 도쿄' 등의 여러 개의 검색단어를 단락을 지어 입력하면 목적한 이외의 정보까지 다수의 검색결과들이 나와 난처한 경우가 많다. 복합검색보다 적절히 묶어 입력해 나가는 테크닉이 필수다. 그리고 동시에 예를 들어 서적 검색의 경우, 서점의 검색엔진을 사용하는 등 목적에 맞는 정보원에 접속함으로써 필요한 정보에 도달할 수 있는 시간을 큰 폭으로 단축시킬 수 있다.

체계화된 지식, 전문잡지에나 제안적으로 게재될 듯한 마니아적인 정보가 필요할 때, 중요한 정보원이 되는 곳은 도서관이다. 최근에는 방대한 서적의 검색 대출예약 등이 집에 있는 컴퓨터에서도 가능하게 되어 지금까지와는 다른 편리성도 있다. 하지만 직접 도서관을 거닐다 예상외의 책과 만나는 기쁨은 인터넷상에서는 결코 경험할 수 없는 것이다.

한편 amazon을 시작으로 한 인터넷 서점에는 다수의 일반서점에서 점두(店頭)에 진열하기 어려운 전문서도 보유하고 있다. 건축서적 전문인 난요도(南洋堂)의 웹사이트에는 건축역사가이자 건축평론가이기도 한 이가라시 다로에 의한 독자적인 키워드 분류가 되어 있어 프로 건축가에게도 대단히 편리하다(http://www.nanyodo.co.jp).

최근에는 트위터상에서도 많은 건축정보가 흘러넘친다. 마음에 드는 인물을 평소에 팔로우하는 것만이 아니라, 예를 들면 Twitter 검색(http://twittell.net/search.php)을 잘 사용하면 방대한 글 중에서 필요한 정보를 순간적으로 찾아낼 수도 있다.

Section 2-14

코어 스킬을 몸에 익히자

저널리스트임과 동시에 특기도 몸에 익히자.

코어 스킬(core skill)이란 자신의 특기다. 건축가의 일은 광범위한 지식을 요하는 저널리스트[29]로서의 측면이 강한 직업이지만, 다른 사람에게는 없는 특기를 가지고 있으면 개성이나 차별화로도 이어진다.

모형도 좋고 특정 건축가의 작품에 관해 숙지해보는 것도 좋으며 역사에 정통하는 것도 좋을 것이다. 다른 사람에게 지지 않는 코어 스킬을 몸에 익히면 그것을 수단으로 하는 건축디자인에 개성이 스며 나온다. 코어 스킬을 핵심으로 저널리스트로서의 지식을 축적해가는 것도 가능하다.

나의 '코어 스킬은 무엇인가?'라고 묻는다면 '가시화(visualize)'라고 대답할 수 있을 것이다. 건축을 디자인하고 실현해 나가기 위해서는 자신이 생각하고 있는 것을 사람에게 보여주는 형태로 표현해서 이해시키는 것이 중요하다. 건축가라는 직업을 계속하는 중 악전고투 끝에 몸에 익혀온 것이 이 가시화라는 코어 스킬이다. 나의 코어 스킬에 관해서는 다음 페이지에서 소개하려 한다.

29) 저널리스트 / 스페셜리스트
저널리스트는 업무에 있어 넓은 범위에 걸친 지식을 가지고 넓은 범위의 업무를 정리하는 역할을 담당하는 사람을 가리키는 말. 이에 반해 스페셜리스트는 특정 범위에서 높은 지식을 가지고 전문성 높은 업무를 담당하는 사람을 가리키는 말이다.

3가지의 가시화(visualize)

나는 자신의 코어 스킬인 가시화를 크게 다음 3가지로 나눠서 파악하고 있다.

❶ 미리 보기 위한 가시화

나중에 볼 수 있는 것을 미리 가시화해서 보여주는 스킬이다. 투시도나 CG가 그 대표적인 예다. 자신이 디자인한 것을 자신이 투시도나 CG로 표현하기 시작한 것이 이런 코어 스킬 형성의 기회가 되었다.

❷ 보기 어려운 부분의 가시화

보통의 시점에서는 보기 힘들고 이해하기 힘든 것을 알기 쉽게 보여주는 스킬이다. 법적제한 등 보통은 디자인의 실마리가 될 수 없는 것도 가시화해보면 효과적인 실마리가 된다.

❸ 보이지 않는 것의 가시화

본래는 결코 볼 수 없는 온열환경이나 공기의 흐름을 컴퓨터에 의해 시뮬레이션해서 가시화하는 것. 보이지 않는 것이 보이게 되는 것의 의미는 디자인에 있어서 매우 큰 영향을 가진다.

❶ 미리보기 위한 가시화

기타미 신용금고의 설계 시 가장 초기에 그린 CG(좌)와 완성 후의 사진(우). 가장 일반적인 미리 보기 위한 가시화의 예다.

❷ 보기 어려운 부분의 가시화

진보초 시어터 빌딩의 설계에서는 도로사선을 받는 법적인 형태제한이라는 보기 어려운 부분을 가시화하는 것으로 디자인의 모티브로 하는 것을 시도했다.

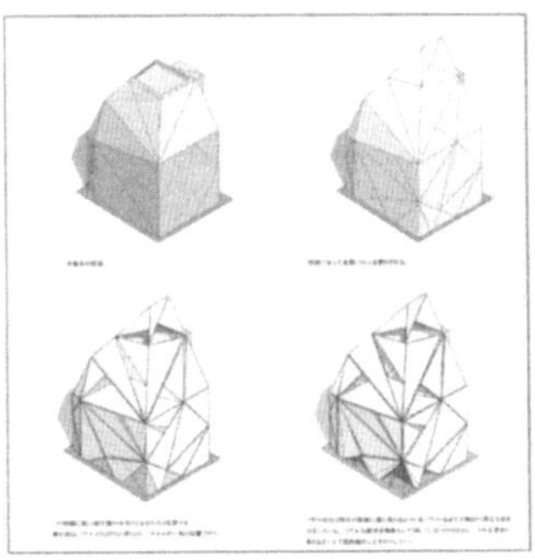

❸ 보이지 않는 것의 가시화

이 예는 연구개발형 사무실의 파사드에 유약을 바르지 않고 불에 구운 거대한 도기로 만든 '블라인드'='바이오스킨'을 만들고, 그 표면에서 기공을 통해 우수를 배출시킬 때에 어느 정도의 열이 건물 표면이나 건물 주위로부터 없앨 수 있는가를 시뮬레이션 한 것이다.

우수가 증발하는 것만으로 루버의 표면은 10℃ 정도, 그리고 그 영향에 의해 지표면의 기온은 2℃ 정도 떨어지는 것을 알았다.

본래 보이지 않은 온도변화를 가시화한 것에 의해 '우수로 도시를 식히고 열섬을 억제하자'라는 황당무계하다고도 생각되는 프로젝트는 클라이언트나 행정의 이해를 받아 실현으로 이어졌다.

루버형태의 파사드

루버의 표면온도가 저하하고 있는 상황

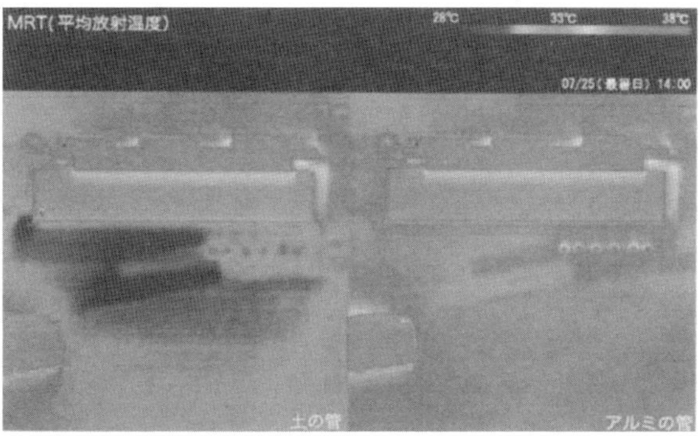

시뮬레이션의 결과, 루버의 기화열로 지표면의 온도가 저하하고 있는 것이 가시화되고 있다(색이 진해질 정도로 저온으로 되고 있다).

제 ❸ 장

설계과제, 프로젝트에 도전한다

노무라공예사 빌딩 프로젝트의 초기 연구 모형사진
야마나시 토모히코+아시다 도모유키+가츠야 다카유키(닛켄설계)

놓치지 마라 진검승부다

학생생활은 길 것 같지만 짧다. 입학부터 졸업까지 부과되는 설계과제의 수는 10여 과제, 많다고 하더라도 20여 과제 정도로 의외로 적다. 이 적은 과제 속에서 프로를 향한 기초를 만드는 것이기 때문에 전력으로 몰두하지 않는다면 성장해 나갈 수 없다.

과제를 시작할 때는 누구라도 열심히 한다. 문제는 아이디어를 내는 것이다. 우선 여기에서 차질이 생긴다. 아이디어 창조의 괴로움을 강행해서 극복해가지 않으면 안 된다. 그리고 도면이나 모형의 작성, 그 난관을 넘은 다음에는 프레젠테이션에도 혼신을 다해야 한다. 여기서 끝이 아니다. 돌려받은 후에 과제를 한층 더 다듬어서 포트폴리오[30)]화해 두자. 설계과제=프로젝트라고 생각한다면 실무에서도 마찬가지다. 신입사원에게도 기회를 줄 수 있는 것이 있다. 적은 기회를 확실하게 하는 욕심은 설계과제를 할 때와 마찬가지로 중요하다. 모든 과제와 기회를 놓치지 마라. 하나하나가 진검승부다.

도호(桐朋)오케스트라 아카데미(도야마 현)

30) 포트폴리오
원래는 화집이나 사진집을 가리키는 말이었지만 최근에는 거기에서 파생된 여러 가지 의미로 사용되고 있는 단어다. 건축디자인의 세계에서는 건축작품집을 가리키는 말로 사용되고 있다.
건축디자인의 프로로서 취직을 하기 위해서는 스스로의 작품을 모은 포트폴리오 작성이 필수.

Section 3-1

프로젝트를 파악한다

과제에 겹쳐진 의도를 파악하고 제안의 골자를 생각한다.

건축설계는 클라이언트로부터의 요구에 의해 시작된다. 따라서 건축을 적극적으로 배우기 위한 설계연습으로는 지도교수가, 이를 테면 클라이언트의 입장이 되어 '과제 = 클라이언트에 의해 제시된 프로젝트'로 제시한다. 설계연습의 첫 걸음은 이 프로젝트의 해석으로부터 시작된다.

설계연습의 경우, 물론 교육의 장이기 때문에 클라이언트의 입장 이외에도 교육목적의 방침 등 몇 가지의 의도가 겹쳐 있지만, 반드시 출제된 의도를 순수하게 반영하라는 의도는 아니다. 과제의 의도에 비판적인 입장에서의 제안은 실무의 세계에서도 중요하다. 많은 세계적인 콤페는 오히려 과제에 대해서 비판적인 관점을 가진 것이 주목을 받는 경우가 많다.

그렇다면 어느 정도로 프로젝트의 의도를 해석해 가면 좋을까?

나는 다음의 4가지의 측면에서 생각하는 경우가 많다.

① **벤치마크** : 출제자의 의도를 순수하게 해석한다.

처음에는 출제자가 기대하고 있는 가장 순수한 해답을 떠올린다. 갑자기 좋은 안 같은 것은 떠오르지 않는다. 맞는 해답을 눈앞에 두고 그것을 '기준=벤치마크'한다. 또 다음에서 가리키는 3가지의 방법을 통해 의도에 대한 다른 이해의 방법이 있는지 찾아보자.

② **숨은 의도** : 문서화(명문화)되어 있지 않은 의도를 이해한다.

설계연습에는 반드시 교육적 의도가 겹쳐 있을 것이다. 교육자로서 학생에게 '무엇을 습득하길 바란다'고 생각하고 있는가, 그 숨은 의도를 이해하는 것도 중요하다. 사실 프로젝트에서도 말로 표현한 설계여건 이외에 말로 표현되지 않은 의도가 반드시 존재한다. 문서화(명문화)된 여건이 전부라고 생각하지 말고 숨은 의도를 이해하는 훈련을 하자.

③ **롤플레이** : 여러 입장에서 과제를 해석한다.

실제 건축에 관계되는 것은 클라이언트와 설계자만이 아니다. 그 시설을 방문하는 사람이 있으면 거기서 일하는 사람도 있다. 또 부근의 사람이 그 건물에서 무언가의 영향을 받는 경우도 있을 것이다. 여러 입장이 되어= 롤플레잉으로부터 과제나 클라이언트로부터의 설계여건을 해석해보자. 출제자나 클라이언트가 상정하고 있는 의도 이상으로 폭넓은 이해가 가능할지도 모른다.

④ **모델링** : 저명한 건축가가 되어 해석한다.

자기 자신이 주목하고 있는 존경해 마지않는 건축가가 된다 = 모델링에 의해 과제나 설계여건을 파악해보자. '그 사람이라면 이 과제를 어떻게 파악할 것인가?'라고 입장을 바꿔 생각해본다면 혼자서는 할 수 없었던 의도를 파악하기 위한 새로운 발견을 제공해줄 때가 있다.

정면으로 맞닥뜨려 대답한다거나 비판적으로 대답한다고 해도, 프로젝트에 담겨진 의도를 정확하게 파악하는 것에서부터 시작해야 한다. 부끄러워해야 하는 것은 프로젝트에 대해서 요점이 어긋난 독선적인 제안을 하는 것이다.

목재회관의 1층 엔트런스 홀의 각재를 사용한 벤치형태의 오브제

Section 3-2

부지를 파악한다[31)]

부지가 발하는 아우라를 느껴, 영감을 일으킨다.

과제의 의미를 파악하고 나면 부지에도 직접 나가 보자. 부지를 조사해서 지도에서는 파악하기 어려운 고저차 등의 물리적인 조건과 사람이나 자동차의 흐름을 파악하자. 그리고 부지 외에도 주변 건물이나 환경에 대해서도 확실하게 파악하여 부지가 그려진 도면에 그려 넣어 보자.

지금은 인터넷의 시대다. 71페이지에서 소개한 Google Map의 스트리트 뷰나 Google Earth에서도 부지의 정보는 어느 정도 사전에 파악할 수 있다. 또 항공사진의 정보는 현지에 가도 알 수 없는 부지의 정보를 제공해 주므로 이들을 이용하지 않을 수 없다.

한편 부지에 나갔을 때에는 분석적인 파악을 멈추고 당분간 그 장소에 머물러 보는 것도 중요하다. 부지에서 받는 직감은 이성적인 파악 이상으로 디자인 단서(실마리)에 직결되기 때문에, 부지가 발하는 아우라를 직감적으로 파악해서 영감을 일으킬 수 있는 것이다.

31) 사리넨(Saarinen)의 말
한 작품마다 어지럽게 작풍을 바꾼 예로 사리넨은 설계에 있어서 '클라이언트', '시대' 그리고 '부지'가 고유하게 가진 아이덴티티란 무엇인가를 묻는 것이 중요하다고 기술하고 있다.
또 사리넨에게 통하는 개념으로써 생각이 떠오르는 것은 VAN의 창시자로 알려져 있는 이시즈 겐스케의 말이다. 그는 패션의 비법을 '시간(time)', '장소(place)', '기회(occasion)'에 준한다고 기술하고 있다.

부지를 해석하는 방법

- 우선은 대지도를 준비한다.
- 사전에 지도 Google Map, Google Earth 등으로 대지 주변의 상황을 파악하고 대지조사를 준비한다.
- 실제 프로젝트라면 관청에 가서 도시계획도를 확인하고 대지의 지역지구, 도시계획, 지구계획, 조경 등의 부지 개별의 법적 조건을 조사한다.
- 사전에 혹은 현지에서 확인을 해나가는 사항에는 다음과 같은 것이 있다.
  ① 대지의 고저차나 형상을 피부로 느낀다.
  ② 대지경계선 인접부지나 도로와 연결관계의 상황을 확인한다.
  ③ 역이나 버스정류소, 도로 등 주요한 교통기관의 위치를 확인한다.
  ④ 그들로부터 대지로의 루트를 확인하고 실제로 걸어본다.
  ⑤ 대지에 근접하는 시설과 거기에서의 액티비티(Activity)를 확인한다.
  ⑥ 대지에 접하는 도로의 상황이나 도로폭을 확인하고 대지도에 기입한다.
  ⑦ 전신주, 상 · 하수도 등의 인프라의 위치를 확인하고 대지도에 기입한다.
  ⑧ 대지에서 무엇이 보이는가를 확인하고, 경우에 따라서는 항공사진으로 멀리 보이는 풍경 등도 확인해둔다.
  ⑨ 수목 등 대지 내에 존재하고 사용할 수 있는 자원은 없는지 조사하고, 있으면 그 위치를 확인한다.
  ⑩ 인접부지에도 마찬가지로 파악하고 있어야 할 빈 땅, 식재 등의 공간자원이 있는지 없는지.
  ⑪ 사람의 흐름, 교통량 등 대지 주변의 액티비티(Activity)
  ⑫ 바람의 움직임, 채광 등의 자연환경
  ⑬ 만약 대지 근처에 유사시설이 있으면 반드시 견학하도록 한다.

- 파악한 사항을 대지도에 기입한다.
- 파악한 사항에서 필요한 내용이 표현될 수 있는 범위의 주변 모형을 작성한다.

* W. Benjamin은 예술을 앞두고 사람이 경험하는 고고함과 숭배의 분위기를 '아우라' (영어로 Aura)라고 부른다.
  건축에서는 보다 깊은 의미를 가진 단어로 취급되는 경우가 많다.

Section 3-3

관련법규를 조사한다

실무에 있어서 법규는 절대적인 것이다.

학교 과제에서는 의도적으로 법규적인 제약을 완화하는 경우가 있다. 이것은 법규적인 과제는 학생이 해결하기 어려운 경우가 많아 한정된 설계 수업 시간 동안 법규에 적합하게 하는 것이 곤란하기 때문일 것이고, 법규에 얽매이지 않은 자율적인 발상을 이끌어내는 것이 교육상 필요하게 되기 때문이다.

하지만 실무로서 건축을 하는 경우에는 당연히 법규와의 적합성 여부가 절대적인 조건이 된다. 과제를 기회로 건축디자인에 관련된 법규에 대해 관심을 가져 보자. 이미 실무의 세계에 나가 프로 건축가를 목적으로 하고 있는 입장이라면 더더욱 법규의 체계를 머릿속에 확실히 담아둘 필요가 있다.

그렇다 하더라도 법규의 수비범위가 광대해서 전부를 파악하는 것은 곤란하다. 프로젝트의 종류나 부지마다 관련된 법규가 다르므로 우선은 눈앞에 있는 프로젝트에 필요 충분한 법규로 목표를 좁혀 철저하게 조사하자. 기본 자료는 시중에 나와 있는 법규관련 서적 및 해설집, 그리고 관청에서의 조사에 의한다.

건축디자인에 관련된 주된 법규

• **건축기준법**

건축기준법은 건축계획에 관한 근간이 되는 법규이다. 단, 시대의 변화나 지역에 의한 차이를 흡수하기 위해 보완적인 역할을 맡은 것이 아래에 준비되어 있다.

건축기준법시행령
건축기준법시행규칙
건축기준법관련 고시
건축조례(건축기준조례)

건축기준법은

용어나 벌칙 등의 규정이 적힌 총괄적 규정
형상이나 구조 등의 규정이 적힌 실태적 규정

의 부분으로 구분해서 파악할 수 있다.

게다가 실태적 규정은

개별건축에 대한 최소한의 규정인 단체규정
도시계획법의 규정과 제휴해서 기능하는 집단규정

으로 구분해서 파악할 수 있다.

• **도시계획법**

건축디자인의 시점에서 말하면, 건축기준법의 상위에 위치해서 도시계획 구역 내의 토지를 어느 정도로 이용해야 하는가에 관해서 규정하고 있는 것이라고 말할 수 있다. 구체적으로는 8조에 '지역지구'로써 20종이 규정되어 있다.

• **건축조례**

건축기준법 40조를 기초로 지방공공단체가 지역의 특수성을 가미해서 건축기준법의 일부 규제를 완화 혹은 보충하는 것. 대표적인 것으로 '도쿄 건축안전조례'가 있다.

• **소방법**

화재를 예방하는 것을 목적으로 한 소방법은 건축을 디자인하는 데 있어 관계가 깊은 법규이다. 건축기준법이란 다른 시점에서 건축 각 부의 성능에 관해 구체적인 지도가 기재되어 있다. 건축기준법과 마찬가지로 상위에 소방법시행령, 소방법시행규칙이 준비되어 있다.

Section 3-4

유사시설은 적당한 교재이다

신구 유사시설을 조사해 배우고 익히자.

과제나 프로젝트의 테마를 배우는 데 있어 매우 유용한 방법은 유사시설을 견학하고 조사해서 습득하는 것이다.

'건축은 통합예술이다'라고 말할 수 있다. 과제 속에서 요구되고 있는 기능이나 요소를 세세하게 나누어 조사하는 것도 중요하지만, 그들이 통합되어 건축물로 완성되어 있는 상태를 보는 것이 학습효과가 보다 클 것이다.

좋은 건축에는 부분의 통합을 넘은 무언가가 있기 때문이다. 참고도서, 잡지, 자료집성 등에서 유사시설을 조사해서 견학해보자.

건축의 종별마다 'OO 건축' 등의 타이틀을 가진 설계의 참고서가 서점에 많이 비치되어 있다. 가장 참고하기 좋은 것은 건축잡지에 게재된 많은 양의 사례다. 설계자 자신의 해설이나 도면도 풍부하게 게재되어 있어 건축을 배우는 데 있어서 최고의 자료가 된다.

유사시설을 조사하는 방법

실제로 견학 가기 전에 아래 내용을 이용해서 사전조사를 하자.

❶ 건축설계자료 집성

일본건축학회편, 출판원은 '마루젠'. 건축설계시의 자료가 되도록 각 건축을 기능이나 건물종별에 따라 분류해 관련자료와 함께 정리한 책이다. 전체를 종합한 '종합편'과 상세를 종합한 '확장편' 13권으로 되어 있다. 이외에 중요내용(핵심)을 종합한 '콤팩트 건축설계자료 집성'도 있다. 유사시설이 종합되어 게재되어 있기 때문에 처음 건축을 공부하는 사람에게 편리한 자료이다.

❷ 건축잡지 index

건축전문도서 서점인 '난요도'가 인터넷상에서 제공하고 있는 건축잡지 검색 시스템이다. 본래는 유상서비스이지만 무료 데모서비스도 공개되고 있다. 건물종별로 그것들이 게재되어 있는 건축전문지를 검색하는 것이 가능하다. 또 인터넷상에서 이용할 수 있는 건축잡지 검색시스템으로는 비교적 오래된 잡지(1968년 이후)에 대응하고 있는 것도 특징이다.

http://www.nonyodo.co.jp/kzin/kzi_top.html

❸ 건축작품 데이터베이스

주식회사 KTR(키테라)가 제공하는 건축작품 데이터베이스.
데이터 항목에 작품명이나 용도가 들어있기 때문에 유사시설이 게재되어 있는 건축잡지를 검색하기 위해서도 사용할 수 있다.

http://db1.kitera.ne.jp

❹ CiNii NII 논문정보 내비게이션

국립정보학연구소(NII)가 운영하는 학술문헌 데이터베이스.
건축만이 아니라 학술잡지나 학회지 등에 게재된 논문정보를 검색할 수 있다.

http://ci.nii.ac.jp/

도면 공부법 ① 〈손을 움직여 이해한다〉

잡지에서 구한 유사시설의 도면을 막연하게 보는 것만으로는 머리에 좀처럼 들어오지 않는다. 실제로 손을 움직여서 도면을 이해해보자.

1 색을 칠한다

색연필로 도면에 색을 칠해보자. 색을 칠하는 방법은 여러 가지 있다. 실마다의 기능으로 칠해보는 것이 일반적이지만 복도만을 칠해보거나 실내공간만을 칠해본다. 알고 싶다고 생각한 공간, 추구하고 싶은 구간만을 따라서 색칠을 하는 것만으로도 공간은 읽혀진다.

2 동선을 그린다

동선이라는 것은 사람의 움직임이다. 이용자의 동선, 관리자의 동선 등 그 건물에 관계되는 사람이 사용하는 동선을 분류해서 그려보면 Activity가 파악될 것이다.

3 프리핸드로 스케치한다

정면도나 단면도를 스케치북에 프리핸드로 스케치하면 건축의 이해가 더욱 깊어진다. 중요한 것은 비례나 치수를 스케일이나 자를 사용하지 않고 추측하면서 스케치하는 것이다.

4 다이어그램화 한다

한층 더 진행해서 평면이나 단면을 이해해 그 건물의 다이어그램을 그려보자. 건축가가 생각한 건물의 골격을 파악하는 것이 가능하고 계획 공부에도 도움이 된다.

도면 공부법 ② 〈잘라 붙여 보자〉

유사시설의 도면에는 설계연습의 과제를 이해하기 위한 힌트가 넘친다. 특히 과제가 어느 정도의 공간을 필요로 하고 있는가='필요 공간'을 알고, 그 필요 공간이 어느 정도로 관련지어지고 있는가를 배운다. 구체적으로는 어떤 공간(아트리움이나 복도 등)에서 그들의 필요 공간이 관련지어지고 있는가를 보는 것이 가능하다.

① 평면도를 공간마다 분리해 본다.

유사시설의 도면에 가위를 대서 공간마다 도면을 나눠본다.
늘어놓아 바꾸는 것(재배열)이 가능한 공간 리스트가 완성된다.

↓

② 필요 공간으로 좁힌다.

다음은 잘라 나눈 그 공간을 주목해보면서 과제에서 특히 필요하다고 생각되는 공간만으로 좁혀 본다. 유사시설에는 없겠지만, 어쨌든 필요하다고 생각되는 공간이 있으면 종이에 그려 추가해도 좋다. 이렇게 하면 필요 공간의 리스트가 완성된다.
이것을 크기순으로 재배열해보는 것으로 과제를 구성하는 주요한 공간이 무엇인지 이해하는 데 도움이 된다.

↓

③ 필요 공간을 재배열한다.

다음은 필요 공간을 재배열해 관련지어 본다. 개략적으로나마 평면계획의 간단한 검토가 가능하다. 어느 정도로 배치해 관련지을지에 대해 종이로 만든 여러 공간을 움직여가면서 검토하는 이 수법은 프로가 미지의 타입의 건축을 검토하는 경우에도 사용하고 있다.

Section 3-5

프로그래밍이란 무엇인가

그 계획에 숨어 있는 여러 문제를 드러나게 하고 해결해간다.

건축의 세계에서도 '프로그래밍'이라는 작업이 존재하며, 매우 넓은 의미로 사용되는 단어이기도 하다.

여기서는 일반적인 정의에 따라 건축계획의 전제가 되고 있는 '요구조건'이나 '과제' 자체를 재검토해 문제점을 찾아내(problem seeking이라는) 정리하여 불확실한 점을 배제해가는 것으로, 풀어야 할 문제점이나 과제를 명확하게 하는 작업(problem solving)이라고 정의할 수 있다.

프로 건축가가 활약하는 실무의 세계에서는 클라이언트로부터 나타나는 요구조건이 애매한 경우가 많다. 또 클라이언트로부터 나왔다고 그것이 반드시 옳다고 할 수 없다. 프로그래밍에 의해 명확한 문제 설정을 해서 흔들리지 않는 디자인을 진행해가는 사고방식은 설계연습 시 생각을 정리하기 위해서도 효과가 있을 것이다.

건축프로그래밍이란 무엇인가?

건축디자인의 영역에서는 '프로그래밍'이라는 단어를 도처에서 들을 수 있지만 그 단어가 의미하는 바는 일정하지 않아 매우 다양한 의미로 사용되고 있다.

여기에서는 구미의 건축에 있어서 프로그래밍의 교과서라고도 할 수 있는 '건축프로그래밍, 그 수법과 실천으로의 트레이닝'을 리뷰하며 건축프로그래밍이란 무엇인가를 보려 한다.

같은 책에 의하면 건축프로그래밍은 다음과 같이 정의되고 있다.

"건축프로그래밍이란 설계에 의해 결정되어야 하는 과제의 정의에 이르기까지의 조사와 의사결정의 프로세스이다."

"건축프로그래밍은 프로젝트의 업무범위와 프로젝트를 적절한 해결로 이끄는 규범(criteria)에 관해 그 명확한 정의를 설계자에게 제공하는 것이다."

이해하기 어려운 표현이다. 정리하는 것이 어렵지만 다소 확실하게 정리해 보면 건축프로그래밍이란,

- **설계에 앞서**
- **프로젝트의 본질을 조사 등에 의해 파악함으로써**
- **'과제'나 '규범'을 추출해**
- **설계가 틀린 방향으로 진행되지 않도록 정리하는 작업**

이라고 생각하면 좋을 것이다.

건축프로그래밍의 표준적인 형식

건축프로그래밍은 설계에 앞서 설계조건의 정리이기 때문에 설계자의 수만큼 프로그래밍의 방법도 존재한다. 여기서는 앞에서 기술한 '건축프로그래밍'을 참고로 건축프로그래밍의 표준적인 형식(포맷)을 소개한다.

1 배경의 조사

프로젝트의 배경을 정확하게 알아내는 것이 첫걸음이다.

- 프로젝트의 타입을 파악한다.
- 유사시설을 조사, 견학한다.
- 문헌, 잡지, 자료의 조사를 행한다.
- 부지나 환경의 조사

↓

2 목표의 확립(문제 설정)

문제 설정에 의해 프로젝트의 성패가 결정된다.

- 프로젝트의 과제나 목적의 명확화
- 프로젝트가 목적으로 하는 목표(goal)를 설정

↓

3 정보의 수집과 분석

필요한 정보는 철저하게 모아 분석한다.

- 문제해결에 필요 충분한 자료를 모은다.
- 프로젝트의 근원이 되는 가치관의 체계를 잡는다.
- 사용자의 시점에서 정보를 모은다.
- 유용한 정보로 자료를 변환한다.
- 정보를 기초로 예측을 세운다.
- 프로젝트에서 예상되는 액티비티(Activity)(이용자의 행동)를 시간 축으로 파악하고 예상한다.
- 조사결과를 공간조건으로 설정한다.
- 부지나 거기에 관한 법규나 인프라, 교통조건, 기구, 지형, 환경, 조망 등을 분석한다.

4 전략을 설정한다.

전략의 질이 프로젝트의 질을 결정한다.

- 목표를 향한 전략을 세운다.
- 전략을 도식화해서 과제, 목적과 목표와의 관계가 합리적인가를 확인한다.
- 전략을 기초로 설계 콘셉트를 세운다.
- 전략에 의한 시설배치의 집중 혹은 분산이 프로젝트의 제약 등에 부합되는지를 체크한다.
- 전략이 기대하고 있는 치수상의 플렉시빌리티(Flexibility), 사용 형편의 플렉시빌리티를 가지고 있는가를 체크한다.
- 전략의 질이 프로젝트에 어울리는지를 체크한다.

⬇

5 양적 요구의 설정

건축에는 볼륨의 파악도 중요하다.

- 여러 조건을 감안해서 프로젝트의 규모를 설정한다.
- 유효면적률 등 공간의 효율에 관해서도 설정을 행한다.
- 프로젝트를 진행하는 일정에 관해서 설정한다.
- 프로젝트를 진행하는 비용에 관해서 설정한다.
- 경제적(사업적)으로 프로젝트가 성립될 수 있는가를 검토한다(연구).

⬇

6 프로그램의 통합

통합이야말로 건축이다.

- 지금까지의 조사, 문제 설정, 분석, 전략 설정, 양적 설정을 명쾌하게 정리한다.
- 해결해야만 하는 주요한 과제는 무엇이며, 그것을 구체적으로 어떻게 해결하는가에 이르는 콘셉트가 명확하게 되어 있는가를 체크한다.
- 이들을 문장화, 도식화한다.

Section 3-6

수평조닝[32]과 수직조닝[33]

여러 기능을 평면적 · 단면적으로 배치해 입체화해 나간다.

설계연습, 유사시설의 분석, 그리고 앞에서 소개한 프로그래밍에 의해 프로젝트에 배치할 요소(기능이나 실)를 리스트 업(list up)하면, 다음에는 그것들의 상호 연결을 생각하면서 입체적으로 구성해 나가자.

3차원 공간의 퍼즐을 한 번에 풀어 나가는 것도 가능하지만, 보통은 평면도상에서의 연구와 단면도상에서의 연구로 나누어 2차원에서 간략화해서 퍼즐을 풀어 나간다. 평면도상에서의 연구를 '수평조닝'이라고 부르고 단면도상에서의 연구를 '수직조닝'이라고 부른다.

평면도에서는 실 레벨에서의 상세한 연구를 하는 것이 일반적이지만 단면에서는 층마다 큰 기능의 배치만을 연구하는 경우가 많다. 따라서 수평조닝에서는 비교적 상세한 실의 배치를, 수직조닝에서는 층마다 큰 기능의 배치를 주로 검토하게 된다.

32) 수평조닝
평면도상에서의 연구.

33) 수직조닝
단면도상에서의 연구.

수평조닝과 수직조닝의 순서

❶ 다이어그램
우선 수평수직을 떠나서 기능이나 공간의 이어짐과 근접성을 고려해서 배치한 다이어그램을 그려본다. 프리핸드로 풍선형의 도형을 그리는 경우가 많기 때문에 버블다이어그램이라고 불리기도 한다.

다층건축의 경우 ↓

❷ 수직조닝
다층건축이라면 그림 버블다이어그램 속의 여러 기능을 어느 층에 배치해야 하는가를 생각해보자. 이것이 수직조닝이 된다.

단층건축의 경우 ↓

❸ 수평조닝
다음은 수직조닝을 기초로 각층마다 보다 상세한 기능이나 공간의 이어짐을 생각해 나간다. 이것이 수평조닝이다. 단층건물이라면 수직조닝은 필요하지 않은 조닝이 된다.

이 프로세스는 한 번에 잘되지 않는다. 다이어그램⇒수직조닝⇒수평조닝을 몇 번씩 반복해서 공부해야 적절한 기능배치가 보일 것이다.

3차원 수평조닝 · 수직조닝

컴퓨터상에서 이루어지는 3차원 CAD를 사용하면 평면적인 작업인 수평조닝과 수직방향의 작업인 수직조닝을 한번에 생각할 수 있다. 이것은 노무라 공예사의 연구사례이다.

작업은 Google SketchUp(148페이지)을 사용했다.

1. 첫 번째 스텝은 요구 공간을 요구 면적과 천장고를 가진 직사각형의 블록으로 만들어 본다.
재배열할 수 있으면 다이어그램을 만드는 것도 가능하다.

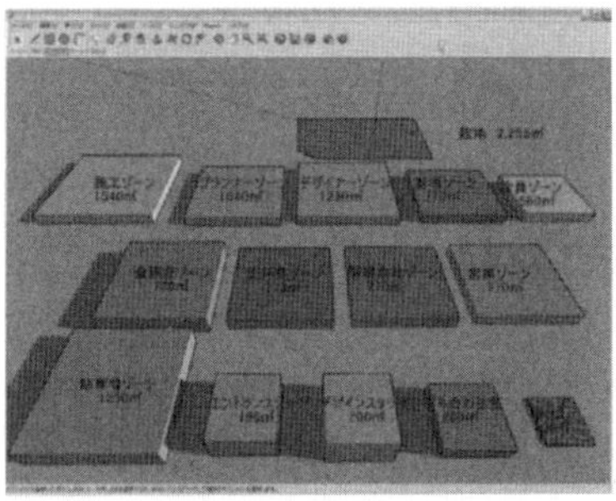

2. 요구 공간의 근접성을 생각해서 수평조닝과 수직조닝을 동시에 해본다.

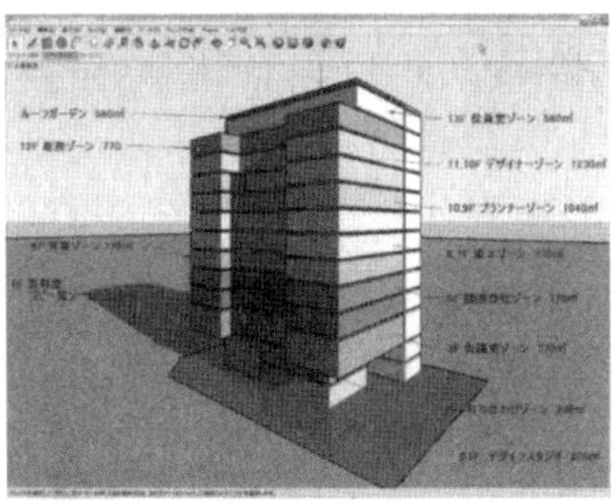

3. 또한 파사드의 연구도 이 모델에서 해본다.

4. 이것이 실제로 완공된 노무라공예사 본사 빌딩

Section 3-7

즐기는 것이 생명인 브레인스토밍

아이디어를 생각해내는 방법도 공부해두자.

프로그래밍이나 수직조닝, 수평조닝 작업을 해도 아이디어가 떠오르지 않을 때가 있다. '나에게는 재능이 없는 걸까?'라고 포기하기 전에 우선 풍부한 아이디어가 떠오르는 방법을 공부해보자.

세상은 지식창조형의 사회가 되었다고 이야기한다. 물건을 만드는 것보다도 아이디어를 짜내는 것이 사회 전반에서 넓게 요구되는 시대가 되었다. 서점에 가서 비즈니스서의 서가를 보면 아이디어를 짜내기 위한 노하우를 가르쳐주는 책이 넘쳐나는 것을 느낄 수 있다. 그 대표적인 수법이 '브레인스토밍(brainstorming)'이다.

건축가의 세계에서는 이러한 노하우를 극단적으로 싫어하는 경향도 있지만, 다른 디자인 업계에서는 중요시하고 있는 곳도 있다. 좋은 방법이라고 생각한다면 도입하는 편이 좋다. 인기 프로덕트 디자이너인 후카자와 나오토(深澤直人)가 근무하던 미국의 IDEO[34)]라는 디자인 사무소는 브레인스토밍을 무기로 한 아이디어를 만들어내기로 유명한 기업이다.

아래에서 구체적인 브레인스토밍의 방법을 소개하려 한다. 준비할 것은 포스트잇(큰 것), 펜 그리고 포스트잇을 붙일 벽(화이트보드)이다.

34) IDEO
1991년에 창립된 디자인 회사. 관련된 디자인은 공업제품, 가구, 자동차, 건축 등 매우 넓다. 애플사의 최초의 마우스 등 혁신적인 디자인의 장에 항상 관계하고 있는 곳이 IDEO이다. 문화인류학 등을 기초로 하는 독특한 디자인 방법론에 의해 기업의 조직디자인까지 손대게 되어 지적 생산성이 중시되는 현재의 비즈니스 속에서 새삼 언급되고 있는 매우 유명한 기업이 되었다.

① 포스트잇에 아이디어를 적는다

우선은 생각해낸 아이디어를 포스트잇에 간결하게 써서 벽에 붙인다. 가장 처음 메모에 의지하고 연상해서 점점 메모를 늘려 나가되 질보다 양에 중점을 둔다. 타인이 낸 아이디어를 비판하거나 부정하지 말고 즐기는 것이 중요하며 또한 독특하게 튀는 아이디어를 허용하는 분위기가 좋다. 이야기하듯 즐기면서 벽을 메모로 꽉 채우는 데 노력하자.

② 포스트잇을 그룹핑한다

아이디어를 내는 데 지치면 메모를 그룹핑해서 아이디어로 모으거나 경향을 찾아보자. 메모를 모으는 데 타이틀을 붙여도 좋다.

③ 평가와 정리

모은 아이디어를 평가해서 사용할 수 있을 것 같은 아이디어를 정리해서 모은다.

브레인스토밍은 즐기는 것이 생명이다. 즐기는 기분으로 아이디어를 내서 마지막에 냉정하게 평가해서 '사용할 수 있는 아이디어'로 정리하는 것이 골자다[35].

35) '간단한 그림'으로 아이디어를 만든다.
추상적인 개념을 그림으로 표현해 떠오르는 생각을 자기 자신에 대해 알기 쉽게 하는 것으로 아이디어로도 높여가는 방법도 있다.
예로, 구조가인 세실 발몬드(Cecil Balmond)著, 'Informal' (TOTO출판)을 추천한다. 수십 페이지에 걸쳐 쓰여 있는 세실과 콜하스가 서로 주고받으며 첨가해 나간 간소한 스케치는 세실이 무엇을 가시화하고 무엇을 생각하고 있었는가를 텍스트 이상으로 우리에게 전해준다.

1. FreeMind[36]를 사용한 나홀로 브레인스토밍

브레인스토밍은 동료 몇 사람과 설전을 벌이는 것이다. 하지만 때에 따라 혼자서 아이디어를 내지 않으면 안 되는 때도 있을 것이다.

여기서는 혼자서 브레인스토밍하기에 편리한 방법을 소개한다. 실제로 나도 디자인이나 원고 등의 아이디어를 낼 때에는 이 방법을 항상 사용하고 있다.

최근 몇 년 'FreeMind'라는 수형도(나뭇가지 형태의 차트)를 그리면서 생각을 정리하는 방법의 인기가 높아지고 있다. 이 마인드 맵을 컴퓨터에서 간단히 그릴 수 있는 프리웨어로 'FreeMind'가 있다. 원조 마인드 맵과 비교하면 이미지가 스마트해서 편집도 간단하다. 말에 의한 추상개념을 주체로 한 브레인스토밍은 추천하는 툴(tool)이다. 다운로드와 인스톨 방법은 홈페이지에 자세히 나와 있다(http://www.freemind-club.com/).

인스톨을 마치면 우선 아이디를 써 넣는다. 다음에 FreeMind의 편의성을 활용하여 아이디어를 그룹핑한다. 간단하고 스마트하게 언제 어디서나 나홀로 브레인스토밍이 가능하다.

2. FreeMind를 사용한 브레인스토밍의 사례

114페이지의 그림은 오피스 설계에 앞서 FreeMind를 사용해서 나홀로 브레인스토밍을 했을 때의 것이다. 작업은 다음과 같은 순서로 이루어진다.

① 처음부터 수형도를 그리는 것이 아니라 우선은 머리에 떠오른 키워드를 FreeMind 속에 써 늘어놓는다.

② 다음에 그 키워드로부터 또 연상해서 떠오른 키워드를 써 늘어놓는다.

36) **프리마인드(Free Mind)**
무료 마인드 맵 작성 소프트웨어. 마인드 맵이란 지식이나 아이디어를 도식화하는 하나의 기법이다. 어떤 테마를 중심으로 두고 거기서부터 방사상으로 가지를 파생시켜 나가는 것으로 아이디어를 정리해 갈 수 있다.

3차원 수평조닝 · 수직조닝

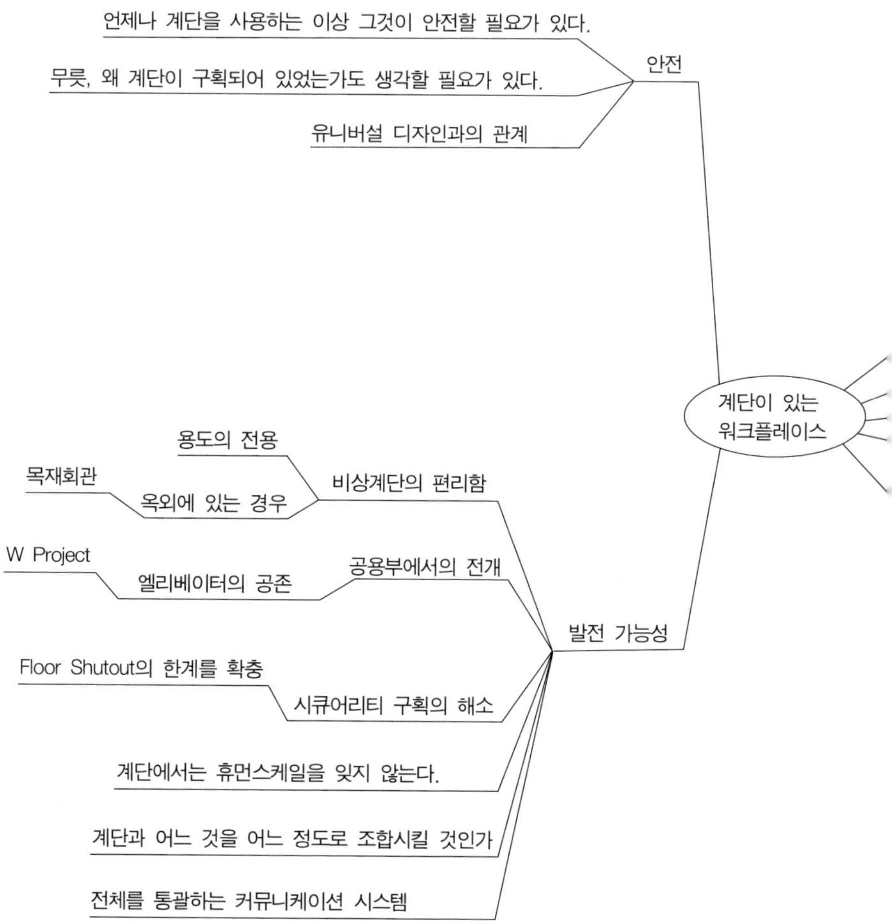

왜 워크플레이스에 계단이 있는 것인가?

- 계단으로의 통기
  - 레이어상으로 분단된 오피스의 한계를 어떻게 해소할까라는 테마
  - 여러 층을 가로지르는 시각적 커뮤니케이션과 일체감을 요구해 아트리움이 도입되었다.
- 오피스빌딩의 닫혀진 계단
  - 무릇, 오피스에는 2개의 계단이 있다.
  - 보통 닫혀져 있어서 평상시에 대부분 사용되지 않는다.
  - 때에 따라 외부에 개방되면 '비상계단'이라 부른다.
- 경사로가 아닌 계단
- 이이다바시 퍼스트 빌딩의 경우
  - 코어 속의 폐쇄된 계단을 공공공간 속에서 개방해보았다.
  - 자연광이 좋고 존재가 기억되고 코어가 개방되고 서서 이야기하고 상하의 이동이 시작된다.
  - 르네 아오야마, 이이다바시 빌딩
- 노무라공예의 경우
  - 호키메디컬
  - 상담공간과 계단의 편성
  - 스킵 보드
  - 워크플레이스와는 붙지도 떨어지지도 않는다.
  - 자연광이 들어오는 기분 좋은 리빙룸과 같은 공간
  - 남 이야기의 메카인 급탕실과도 편성한다.
  - 홀 이상의 커뮤니케이션을 유발한다.
  - 층마다 다른 인테리어
  - 임원이 사내를 둘러본다.
  - 층고와 철제계단

③ 대략 키워드가 모두 나오면 카테고리별로 정리하면서 수형도에 모아서 정리해 나간다.
④ 정리한 수형도마다 타이틀을 붙여 본다.
⑤ 이렇게 해서 나온 수형도를 보면 아이디어가 정리되어 있는 상태를 볼 수 있다. 아이디어의 누락이 있는 곳 등을 보강해서 또 정리해 나간다.

혼자서 브레인스토밍을 하는 데에 편리하고 독서 시에 그 내용을 메모하는 때에도 사용할 수 있는 툴이다.

Section 3-8

같은 스케일(same scale)로 생각한다

자신이 알고 있는 건물을 척도로 해보자.

대상이 되는 건축의 '크기'를 바르게 이해하는 것은 건축디자인을 할 때 매우 중요하다. 설계연습도 횟수가 늘어나면 대상이 되는 건축의 규모가 점점 커져 직감으로 그 크기를 간파하기는 어려워진다. 어떻게 하면 미지의 건물 크기를 감지할 수 있을까?

여기서는 우리 프로 건축가가 사용하고 있는 같은 스케일로 비교해보는 방법을 소개한다. 방법은 간단하다. 자신이 잘 알고 있는 건축, 예를 들면 자신의 방, 자신의 집, 학교 등의 평면도나 단면도를 준비한다. 이것은 스케일 감의 기준이 된다.

과제의 부지나 건축잡지에서 모아온 유사시설의 도면이나 과제의 평면도를 동일한 '같은 스케일=same scale'로 하여 1장의 종이 위에 나열해 보자.

이런 간단한 방법으로 좀처럼 잘 와닿지 않는 건축 스케일을 꽤 사실적으로 잡을 수 있으므로 반드시 시험해보기 바란다.

도면으로 만드는 같은 스케일

건축 표현의 주류는 평면도나 단면도다. 아래 그림은 연구개발형 오피스(W Project)와 진보쵸시어터 빌딩 평면도의 같은 스케일(1 : 600)로 본 것이다. 우리 팀이 작업하는 업무가 매우 여러 가지 스케일을 사용하고 있다는 것을 한눈에 알 수 있다.

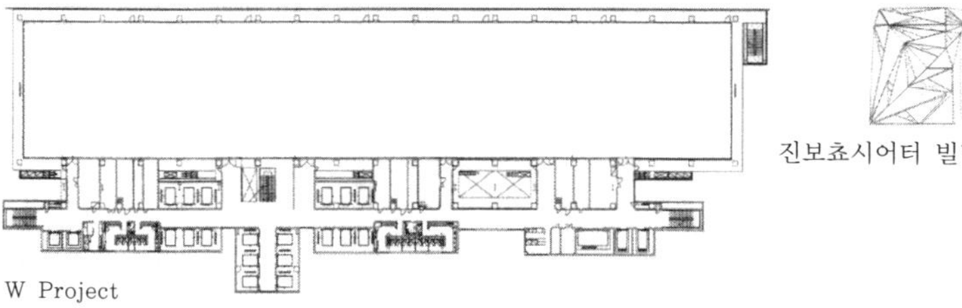

W Project

진보쵸시어터 빌딩

입체로 만드는 동일 스케일

148페이지에서 소개하고 있는 Google SketchUp을 사용하면 유명 건축의 입체적으로 같은 스케일도 간단하게 만드는 것이 가능하다. 다음 그림은 3D로 작성된 1. Bird's Nest 2. 알리안츠 아레나(독일) 3. 콜로세움(로마)을 모아 같은 스케일로 나열해 본 것이다.

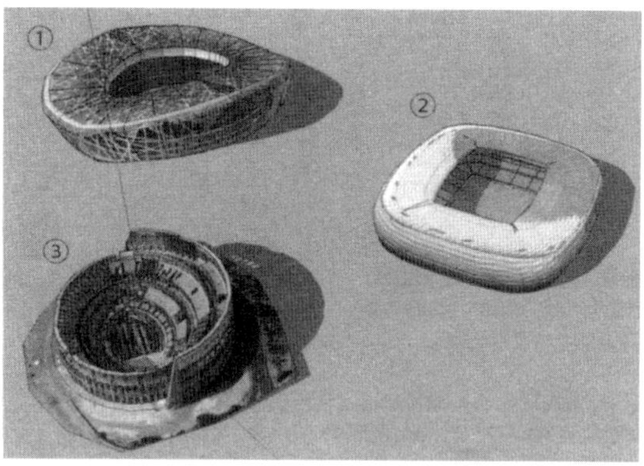

Section 3-9

콘셉트(concept)를 세운다

제안 전체를 '어떻게 파악하고 있을까'를 명확하게 해두자.

'콘셉트'를 직역하면 '개념'이다. 현대 건축디자인 중에 '콘셉트'라는 단어는 가장 많이 나오는 단어 중 하나이다.

건축뿐만 아니라 모든 디자인에서 형태를 구상하기 시작할 때에는 그 기초가 되는 사고가 있으며, 그 사고의 총체가 '개념=콘셉트'이고 그것 없이는 의미 있는 형태를 만들어내는 것이 불가능하다는 사고방식이다. 단, 그 단어가 의미하는 바는 매우 광범위하다.

건축잡지를 보면 작품을 해설하는 부분이 있다. 여기에서 이야기되고 있는 것 중 많은 것이 콘셉트다. 다이어그램 등의 도식에서 건축의 성립이 설명되고 있다. … 이것도 콘셉트다.

갑자기 완벽한 콘셉트를 세우는 것은 어렵다. 하지만 프로 건축가를 목적으로 하는 이상 많은 건축가의 콘셉트를 직접 접하고 배워서 자기만의 콘셉트를 문장이나 그림으로 표현할 수 있는 능력을 몸에 익히길 바란다.

콘셉트의 예

여기서는 건축을 디자인하는 데 있어서 콘셉트의 사례를 우리가 했던 '목재회관'을 예로 소개하려 한다.

▸ 목재회관[37]의 콘셉트

도시건축에서 목재의 복귀를 다음의 각 항목을 목표로 했다.

- 외장재로서의 목재의 가능성, 기술의 일반화를 추구한다.
- 내장재로서의 목재의 가능성, 기술의 일반화를 추구한다.
- 구조재로서의 목재의 가능성, 기술의 일반화를 추구한다.
- 불연화하지 않은 목재의 이용을 추구한다.
- 특별 주문품이 아닌 규격품 목재를 이용해 기존 목재시장의 활성화를 꾀한다.
- 특별 주문품이 아닌 규격품 목재를 이용해서 목재를 이용하는 데 있어서의 범용성을 추구한다.
- 이들을 근거로 한 장소성, 기후풍토에 기인한 개성 있는 디자인을 시험한다.

37) 목재회관 (야마나시 토모히코 + 가츠야 다케유키 / 닛켄설계)
우리가 한 '도시건축으로의 목재의 복권'을 목표로 설계한 오피스빌딩.

『新建築』 2009년 9월호 『GA JAPAN』 2009년 9, 10월호, '닛케이 아키텍처' 2009년 9월 14일호, 『The Architectural Review』 2010년 1월호지 참조.

다이어그램[38]을 그리자

건축을 촉발(유발)하는 도식화된 콘셉트

건축디자인은 형태를 살려내는 작업이다. 명확한 콘셉트를 세워도 갑자기 형태로 결합되지 않는 경우가 있다. 또한 말로 표현할 수는 없지만 '간단한 도식=다이어그램'으로 표현할 수 있는 경우도 있다. 특히 많은 건축디자인에서는 단일 기능이나 의미가 아닌 많은 기능적, 의미적인 요소로 이어짐에 따라 전체를 구축하는 경우 다이어그램은 큰 힘을 가진 도구가 된다.

104페이지에서 소개한 '프로그래밍'의 수법도 다이어그램과는 성격이 잘 맞는다. 현대의 대표적인 건축가 중 한 사람인 렘 콜하스의 작업도 '프로그래밍의 다이어그램이 갑자기 형태로 변한 것'이라고도 알려져 있다. 여기에는 렘 콜하스의 뛰어난 작업 방식에 대한 두려움에 익숙해짐과 동시에 다이어그램 지상주의적인 것에 대한 비판도 포함되어 있다.

하지만 우리에게 있어 다이어그램이 매력적인 디자인을 위한 도구라는 것은 틀림없다.

38) 다이어그램
수형도, 네트워크도, 플로우 차트 등 개념을 도식적으로 표현하는 것을 말한다.
건축에서는 122페이지의 그림과 같은 간단한 이미지도를 가리킨다.

다이어그램의 예

실무의 세계에서도 콘셉트를 다이어그램으로 옮겨놓아 설계상의 테마를 명확하게 하는 작업을 행한다. 여기서는 우리가 실무에서 그린 목재회관의 기준층 다이어그램을 몇 가지 소개한다.

▸ 목재회관 기준층 다이어그램

오피스빌딩의 외형이 아닌 오피스빌딩의 인테리어 공간을 기둥 없는 직사각형으로 만들고, 그 주변에 엘리베이터 등의 기능이 경계공간(border space)으로 매달려 있는 이미지(우)를 표현하고 있다.

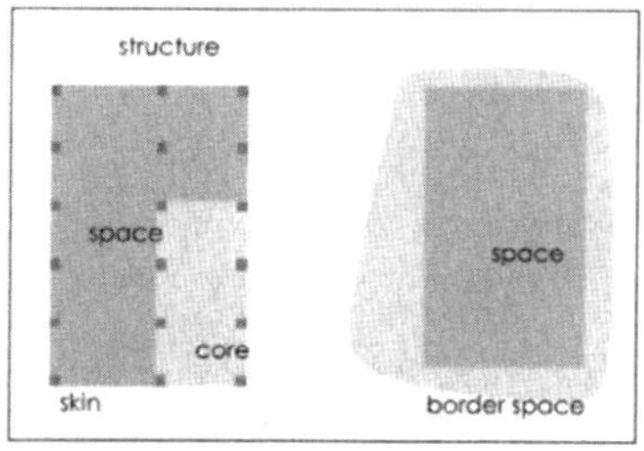

▸ 실제로 완성한 목재회관의 기준층 평면도

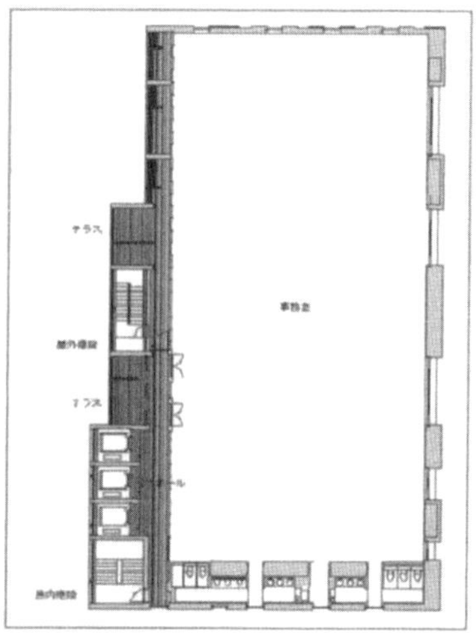

Section 3-11

스케치를 그린다

'생각'을 재빠르게, 인터렉티브로 도식화 하는 스케치

72페이지에서 건축을 배우기 위한 방법으로 스케치와 실측을 소개했다. 하지만 건축가에게 있어 스케치는 배우기 위한 도구 이상으로, 생각을 가장 간결하게 정리할 수 있는 최적의 툴이기도 하다.

거장처럼 완성형을 갑자기 그려도 좋으며 수직조닝이나 수평조닝, 콘셉트나 다이어그램을 스케치할 수도 있다. 건축잡지나 건축가의 작품집에는 일러스트레이터 등에 의해 정성스럽게 그려진 다이어그램을 많이 볼 수 있으나, 최초의 발상은 스케치를 그리면서 만들어진 것이 대부분일 것이다(최근의 건축가는 다를 수도 있지만).

스케치 하면 생각나는 건축가는 르 코르뷔지에일 것이다. 그가 정립한 '근대건축의 5원칙[39]'은 프리핸드 스케치로 그려진 다이어그램의 좋은 예일 것이다.

39) 근대건축의 5원칙
1. 필로티
2. 옥상정원
3. 자유평면
4. 독립적인 골조에 의한 수평연속창(가로로 긴 띠창)
5. 자유입면

코르뷔지에는 근대건축에는 5가지의 요소가 들어 있어야 한다고 주장했다.

건축을 구축하기 위한 스케치

코르뷔지에는 건축을 구축하기 위해 수많은 스케치를 남겼다. 구축을 위한 스케치의 대표자라고 할 수 있다. 그의 전람회가 있으면 가서 실제 스케치를 접해보기 바란다. 112페이지에서 소개한 세실 발몬드의 스케치도 구조가가 추상화한 다이어그램에서 복잡한 구조시스템을 구상하는 상황을 알 수 있다. 여기서는 건축을 구축하기 위한 스케치를 배우는 참고서를 소개한다.

『작은집』 르코르뷔지에 저 (모리타 가즈토시) 역, 集文社

코르뷔지에가 레만 호수 부근에 세운 부모님의 집에 관한 스케치, 텍스트, 사진으로 그 설계 프로세스를 설명하고 있다.

『SANAA WORKS 1995-2003』 (세지마 가즈요 · 니시자와 류에) 저 TOTO 출판

스케치의 좋은 점은 손쉬운 스피드감이다. 손쉬운 스피드감을 가질 수 있다면 스케치에 구애될 필요가 없다고 말할 수 있다.

(세즈마 가즈요)+(니시자와 류에) (건축가 유닛 SANAA)는 스케치만이 아닌 심플한 CG, 사진, 모형 등이 스케치와 같이 서로 영향을 미치는 건축을 구축하기 위한 툴이 된다는 것을 과시해준다. 스케치의 개념을 끝없이 확대해주는 책. 모두가 지금 아무렇지 않게 연구하고 있는 방법의 대부분이 사실은 SANAA에 그 길이 있다는 것을 재인식시켜 준다.

Section 3-12

얼터너티브(ALT)를 생각한다

여러 가지를 비교하는 것으로 보인다.

'얼터너티브(alternative, ALT)'란 하나 이상의 것에서 선택 가능한 것, 즉 선택지를 뜻한다.

일본의 학교에서는 건축에서 뿐만 아니라 한 명의 학생에게 여러 개의 안을 제시하게 하는 경우가 드물며 실제 사회에서도 그렇다. 클라이언트에게 안을 제시할 때에도 하나의 안만 있거나, 다른 안이 있어도 확실히 우열이 매겨진 '버리는 안'이거나 한다. 건축처럼 구축성이 강한 문화에서는 무심코 정해진 대답이 금과옥조(꼭 지켜야 할 법칙이나 규정)처럼 지켜지는 경우가 많다.

그런데 문화가 다른 구미나 중국의 건축가나 클라이언트와 일을 하면 그들은 당연히 얼터너티브를 준비한다. 많은 아이디어를 내는 훈련이 필요한 학생이나 신입사원들은 꼭 얼터너티브를 생각해내는 습관을 가지자. 다수의 안을 생각해냄으로써 역으로 보잘 것 없는 안에 집착하지 않고 발상을 넓히는 시야를 가질 수 있다.

얼터너티브를 배우는 책

습관적인 생각에서 빠져나갈 수 없게 된 상황에 처하면 얼터너티브를 적극적으로 모색해야 할 타이밍이다.

건축뿐만이 아닌 모든 디자인에서 하나의 큰 무브먼트가 구축된 후의 폐색된 상황에서는 얼터너티브가 모색된다. 여기서는 그런 얼터너티브의 관점을 배우기 위한 참고서를 소개하고자 한다.

〈얼터너티브 모던〉
TN probe

2004년에 5회에 걸쳐 TN probe에서 개최된 같은 이름의 강의를 기록한 것.
건축에 있어서 근대건축이 가진 의미는 매우 커서 그 이후의 건축 디자인의 시도는 근대건축의 속박으로부터 탈피해 자유를 획득하기 위한 얼터너티브의 모색과정이라고 해도 좋다.
본서는 이토 도요(伊藤豊雄), 아오키 준(青木淳), 후지모토 소스케(藤本壯介), 니시자와 류에(西沢立衛), 이가라시 다로(五十嵐太郎), 야스아키 오노다(小野田泰明), 가네다 미츠히로(金田充弘), 고토 다케시(後藤武) 등 재능 있는 건축가가 건축에 자유를 구하기 위한 얼터너티브에 관해 이야기한 기록이다.

〈소쉬르의 사상〉
마루야마 게자부로 저(岩波書店)

얼터너티브의 또 하나의 효용은 자기 자신이 만든 다른 안과 비교하는 것으로 자신의 사고방식, 사물의 파악방법, 의식이 정리되는 점이다.
사물을 파악하는 방법에 있어 기호론을 접하는 것은 필수라고도 말할 수 있다.
특히 기호론의 창시자라고도 불리며, 비교에 의해 '차이'를 찾아내는 것이야말로 인식을 시작하고 있는 것이라는 소쉬르의 사고방식은 현대에 태어나 사물을 만들어내는 일에 관계된 사람으로서 접하고 싶은 것이다.
하지만 소쉬르의 사상은 심오해서 접근하기 어렵다. 예를 들면 마루야마 게자부로의 관점을 통해 풀어낸 소쉬르에 접해봄으로써 기호론이나 차이에 대한 얼터너티브의 의미를 생각하는 것도 나쁘지 않을 것이다.

Section 3–13

체크와 피드백

여러 번 반복해서 체크함으로써 디자인의 질을 높일 수 있다.

건축디자인 작업을 하나 마치면, 그 디자인이 목적에 잘 맞는가를 체크할 필요가 있다. 체크 결과 잘 되어가고 있지 않을 경우에는 무엇이 잘못된 것인지, 원인이 무엇인지 등을 명확히 해서 그들의 정보를 디자인 작업에 피드백해서 한 번 더 고칠 필요가 있다.

피드백된 정보에 근거해 재차 디자인 작업을 행한 후 다시 체크를 한다. 이 프로세스를 되풀이하는 것으로 인해 건축디자인의 질이 높아진다. 각 단락에서의 체크와 피드백을 행함으로써 대폭적인 재작업이 없어지게 된다.

단, 막연하게 체크하면 문제점을 잡을 수 없다. 여기에서는 내가 프로젝트를 체크할 때 의식하는 포인트를 소개한다. 경험을 거듭함으로써 자기 자신의 체크포인트를 구축하기 바란다.

설계연습이나 프로젝트의 체크와 피드백

설계안이 정리된 지점에서 체크와 피드백을 해보자. 주된 포인트는 다음과 같다.

□ 과제에 적합한가

당연한 것 같지만 설계안을 생각하는 과정에서 빗나가 과제나 프로젝트가 요구하고 있는 것과는 다른 방향으로 진행되고 있는 경우가 있다. 차분하게 설계안을 살펴보고 과제의 요구를 정확하게 반영했는가를 자문자답해보자.

□ 부지에 적합한가

건축을 구축하는 데 있어 부지는 inspiration(영감)의 원천인 한편 명백한 제약이기도 하다. 설계안이 부지에 적합한지의 여부는 중요한 체크항목이다. 문제가 있으면 그것을 끝까지 확인하고 피드백을 실행한다.

□ 법규에 맞게 되어 있는가

실무 프로젝트에서는 필수 체크항목이다.

□ 수평조닝이나 수직조닝과의 정합성

정리한 설계안과 수평조닝이나 수직조닝의 정합성이 취해져 있는가를 체크한다. 정합성이 취해져 있지 않아도 합리적인 이유와 이해되는 해결이 된다면 체크는 통과해도 좋다.

□ 콘셉트와의 정합

스스로 세운 콘셉트와의 정합을 체크한다. 때에 따라 콘셉트가 틀리게 되어 있는 경우도 있다. 그럴 때는 콘셉트로 피드백해서 콘셉트 자체를 다시 세워야 할 필요가 있을지도 모른다.

□ 사고, 어휘, 형태의 정합

건축디자인은 생각하고 있는 것, 그것을 어휘로 표현한 것이다. 그리고 마지막에 이끌어진 형태와의 사이에 일관된 것인지 읽어낼 수 있는 것이 중요하다. 자신이 이끌어내기 시작한 형태를 바라보고 스스로의 생각이나 스스로가 콘셉트 등에 기록한 어휘와의 일관성을 체크해보자. 형태가 그들을 적절하게 반영한 것으로 되어 있지 않으면 다음 안을 모색한다. 때에 따라 형태가 선행된 사고나 어휘로 피드백되는 경우도 있다. 그것도 틀린 것은 아니다. 체크와 피드백을 통해 스스로의 디자인에 일관성을 가지게 하는 것이 중요한 것이다.

Section 3-14

도면을 그린다... 그 첫 번째

아이디어를 도면에 표현할 수 있는 것은 프로로서 최소한의 기본능력이다.

설계연습에 있어서 도면은 자신의 아이디어를 표현하는 수단이고 모형이나 사진, 스케치로도 보충이 가능하다. 하지만 프로의 세계에서 도면은 계약서로써의 의미를 가지고 있기 때문에 자신의 아이디어를 도면으로 표현하는 것이 필수 불가결한 조건으로 요구된다. 그래서 프로를 목적으로 하는 이상, 도면을 그릴 수 있는 최소한의 능력이 필요하다.

나의 인식이 맞다면, 최근 학생들의 도면 작성 능력은 현저히 저하되어 있다고 생각한다. 디자인 자체는 정말 매력적인 것을 제안할 수 있는 학생이라도, 간단한 표현조차 만족하게 할 수 없는 경우가 많이 있다는 것은 이미 기술한 대로다.

프로를 목적으로 하는 이상, 자기 스스로 가장 많은 연습이 필요한 부분이 이 도면을 그리는 능력일지도 모른다. 그런데 사실 그 정도로 어려운 것은 아니다. 그저 조금 공부하면 된다(하지만 그리 쉽지만은 않다).

도면을 그리는 법을 배우는 방법에 관해서 알아보자. 실제로 도면은 건축을 전달하는 언어와 같은 것이다. 암묵적인 룰은 있지만 명확하게 고정적인 룰이나 그것을 기록한 텍스트북과 같은 것은 거의 없다. 우리가 일을 배웠던 때처럼 실례에 접해서 배우는 것이 가장 좋은 방법이다.

1. 도면을 수집한다

그리는 방법을 배우는 데 있어 중요한 핵심은 샘플이 되는 도면을 모으는 것이다.

연습과제라면 건축잡지의 도면이나 선배의 과제도 참고가 될 것이다. 실무에서의 프로젝트는 사내에 있는 기본 설계서나 실시설계도를 참고하자.

2. 고문헌을 참고한다

표준적인 텍스트북은 없지만, JIS에 의해 결정된 규칙(건축제도통칙[40])이 있다. 많은 설계사무소에서 이것을 적합하게 커스터마이즈(customize)해서 꾸준히 사용하고 있다. 이것은 아마도 건축설계도가 계약서인 동시에 건축가의 사상을 표현하는 측면이 있기 때문일 것이다. 모두 실시설계도 작성에는 도움이 되지만 기본설계에 있어서 도면의 표현은 앞의 '도면을 수집하는' 방법이 가장 좋을 것이다.

40) 건축제도 통칙을 배울 수 있는 책
『건축제도 JIS의 제도규격/해설』 일본건축가협회편(彰国社)
『건축가를 위한 국제 제도법』 일본건축학회편(彰国社)
『세계에서 가장 쉬운 건축제도 목조주택 편』 아야베타카시 외(X-knowledge)

Section 3-15

도면을 그린다... 그 두 번째

건축 도면의 기본적인 구성과 역할을 숙지해두자.

설계연습에서 제출이 요구되는 도면의 수준은 182페이지에서 소개하는 실무의 설계 프로세스 중 기본설계도나 기본설계도에 상당하는 것으로 자리매김될 것이다. 도면 전체의 주된 목적은 건축설계의 개요, 특히 형태를 이해하는 것이다(역으로 말하면 마감이나 소재, 법률적인 내용 등은 결정되지 않은 수준의 도면이다).

흑백의 선으로만 그린 그림이 기본이지만 마감이나 색조가 중요한 의미를 가지는 경우에는 색으로 넣거나 마감 이미지를 넣는 경우도 있다. CAD의 이용이 일반적이기 때문에 표현은 다채로워지고 있다.

또한 벽이나 기둥도 검게 전부 칠하거나 하얗게 하고, 표현하고 싶은 내용에 의해 보다 여러 가지 방법이 취해지고 있다. 여기서는 도면의 기본적인 구성을 소개한다.

기본설계도의 구성 1

우리가 실제 업무에서 작성하는 기본설계도를 참고해서 표준적인 기본설계도의 구성을 설명한다.

▶콘셉트 시트

'도면에서는 그릴 수 없는 설계의 사고내용'이나 '설계에 앞선 사상'을 문장이나 다이어그램으로 표시한 것. 설명하기 위한 자료이기 때문에 처음 레이아웃되는 경우가 많다.

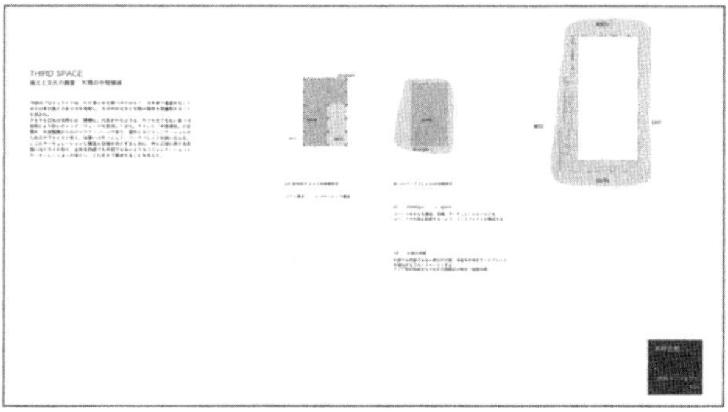

▶CG, 모형사진, 투시도 등

건축의 외관이나 내부 또 필요에 따라 중요한 부분을 3차원적인 이미지 표현으로 보여서 설명하는 것. 컴퓨터로 그리는 경우(CG), 모형을 작성해서 사진을 촬영하는 경우, 손으로 그리는 경우(투시도)가 있다. 전체 형태를 알기 쉽게 전달하기 위해 콘셉트와 함께 처음에 레이아웃되는 경우가 많다.

기본설계도의 구성 2

▶ 안내도

건축이 어떤 장소에 있는가를 보여주는 도면으로 보통은 지도가 기초가 되고 있다.
인근의 표시가 되는 건물, 주요한 간선도로, 역 등의 공공교통기관이 부지에 접하는 통과도로나 부지 인근에서 건물의 계획에 영향을 미치는 것을 기입해두는 도면이다. 스케일을 표현하고자 하는 수준에 따라 다르지만 보통 1/5000~1/500 정도를 사용하는 경우가 많다.

▶ 배치도

건축이 부지 내에서 어떻게 배치되고 있는가를 보여주는 도면. 건축물은 지붕면으로 보여주는 경우가 많으나, 1층과 외부공간의 연계가 중요한 경우나 소형 건물의 경우에는 1층 평면과 함께 만들어지는 경우도 많다. 부지에 근접하는 도로나 건물의 정보도 중요하므로 기입한다.
또한 방위, 환경의 시대가 되면서 건물의 배치를 결정하는 데 있어 방위의 중요성은 더욱더 커지고 있다. 스케일은 1/1000~1/100 정도가 많다.
목재회관의 경우(아래 그림) 안내도와 겸용하고 있다.

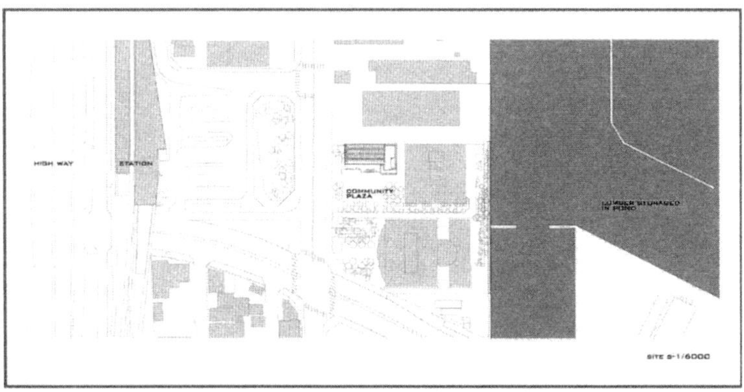

기본설계도의 구성 3

▸ 평면도

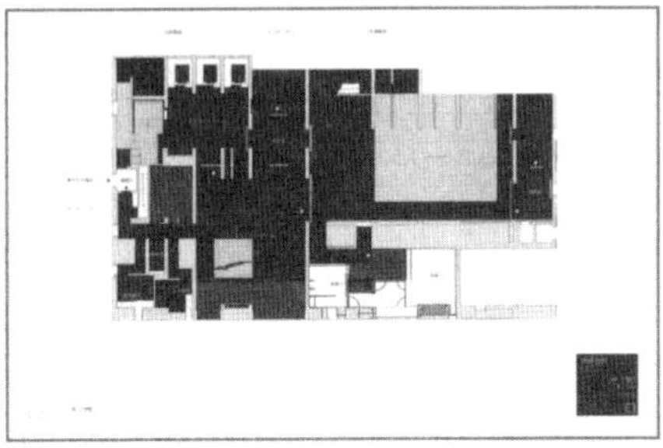

건축물 각층의 구성이나 어떤 공간으로 되어 있는가를 나타내는 도면. 건물의 구조체를 일정 높이에서 수평으로 절단하여 위에서 내려다 본 시점에서 그린다. 일본에서는 전통적으로 평면도의 비중이 높아 '도면'이라고 하면 평면도를 떠올린다. 보통은 기둥 중심의 치수 정도를 기재하지만 생략하고 스케일 바 정도의 표기로 그치는 경우도 많다. 대개는 북쪽 방향이 도면의 위쪽에 위치하도록, 그리고 건물의 주요한 면이 도면과 평행하게 되도록 건축을 레이아웃한다. 옥상이나 지붕이 중요한 건물의 경우에는 그것들도 그린다. 1/500~1/50 정도를 사용하는 경우도 많다.

▸ 단면도

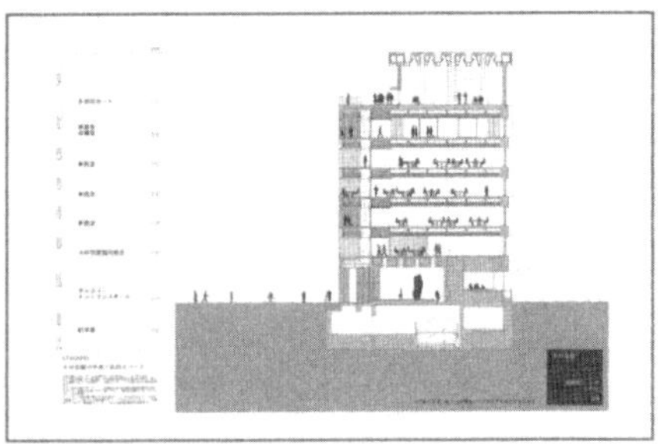

건축을 정확하게 케이크를 자르는 것처럼 커팅해서 옆에서 본 시점에서 그리는 도면. 상하층의 이어짐이나 구성, 세로로 연결되는 공간이 잘 이어지도록 그리기 위한 도면이다. 세로 방향의 축척을 기재하기 위한 도면이기도 하다. 건물의 설계 의도에 따라 절단면을 자유롭게 설정해서 공간을 표현하는 것이 중요하다. 절단면은 보통 평면도상에 기재해둔다. 스케일은 평면도와 동일하게 하면 도면이 이해하기 쉬워진다.

기본설계도의 구성 4

▸ 입면도

건물의 외관을 그리는 도면. 보통은 건물의 외벽에 대해 정면을 바라본 시점으로 해서 그린다. 건물의 평면형의 대부분은 사변형이기 때문에 보통은 정면, 좌측면, 우측면, 배면도 4장이 1조로 입면도가 형성되어 있다.

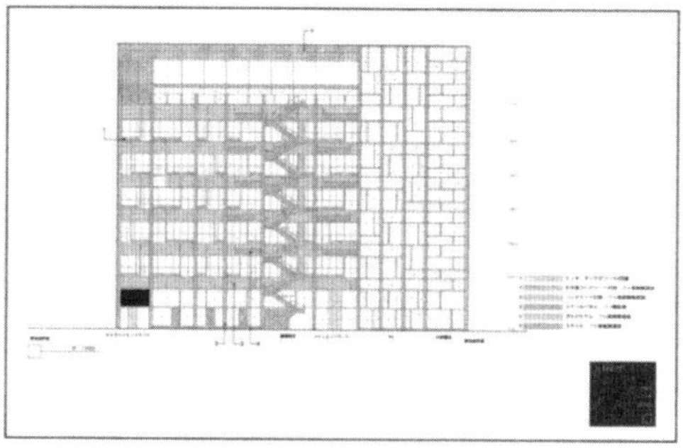

디자인을 표현하기 위해 착색을 하거나 그림자를 넣거나 하며 다채로운 표현을 하는 경우가 많다. 최근에는 CG를 이용한 입면도도 많이 이용되고 있다. 스케일은 평면도와 동일하게 하는 편이 도면을 이해하기 쉽다.

▸ 상세도

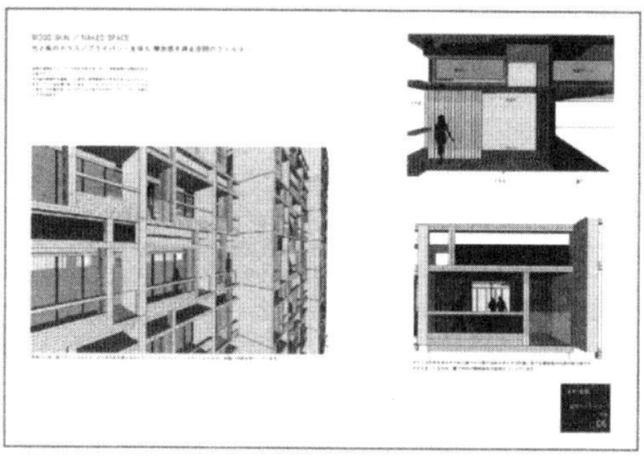

필요에 의해 각부의 상세도를 더한다. 외장에 포인트가 들어간 경우는 외장상세도를 그리거나 호텔이나 아파트에서는 유닛마다의 평면상세도를 그리거나 한다. 스케일은 1/50~1/5 등 의도에 따라 자유로이 선택해도 상관없다. 덧붙여 말하면 목재회관에서는 2차원이 아닌 3차원으로 상세도를 그렸다.

기본설계도의 구성 5

▸ 기타

이상이 표준적인 도면의 구성이지만 설계의도에 따라 이들 도면만으로 설계의도를 표현할 수 없는 경우가 있는데, 이때는 필요한 도면을 적절히 추가해 나간다.

목재회관의 경우는 목부재의 디테일이 중요하기 때문에 각부의 디테일을 3차원 CAD로 그렸다.

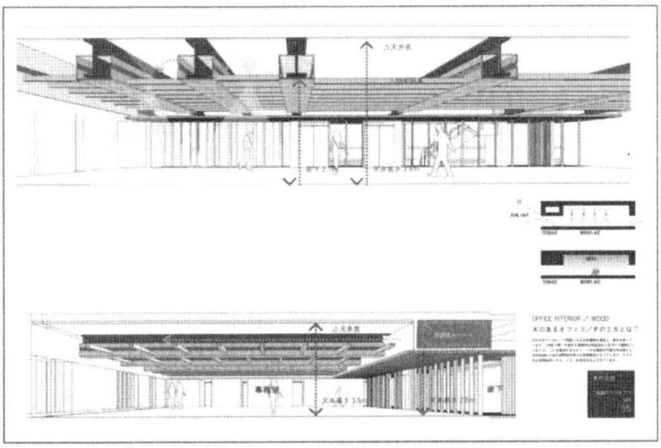

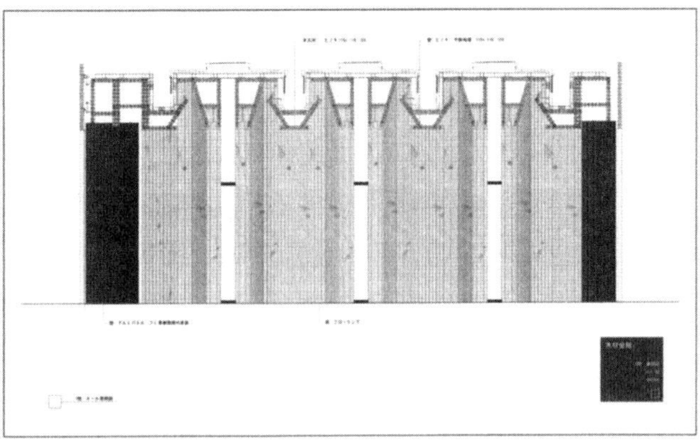

Section 3-16

도면을 그린다... 그 세 번째

계약도서로서의 의미, 법적인 적합성을 명시하는 실시설계도

기본설계도나 설계연습 도면의 주요한 역할이 설계의도의 표현인 데 비해 실시설계도는 클라이언트가 '공사를 발주하기 위한 계약서'로써의 역할이나 실시설계가 법적으로 적합한지를 보여주기 위한 역할(인허가 신청으로써 별도로 모으는 경우도 많다)도 아울러 가지고 있다.

또한 공공공사의 경우에는 예산을 산출하기 위한 예산서(설계서)와 맞춰서 '설계도서[41]'로 자리매김되고 있다.

32페이지에서 건축을 위한 공사는 건축공사나 설비공사 등 여러 가지 종별로 나눠져 있음을 설명했다. 실시설계는 계약서이기 때문에 이 공사의 구분에 따라서 그려진다. 여기서는 우선 표준적인 실시설계도의 구성에 대해 설명하고, 이어서 표준적인 건축설계도서의 구성에 관한 리스트에 대해서 설명한다.

41) 설계도서
실제 건물을 설계하기 위한 계약을 체결하는 데는 설계도만으로는 다 표현할 수 없다. 시방서라고 불리는 서류나 건물을 구성하고 있는 부재는 비용 산출을 위해 리스트화한 수량서 등이 필요하게 된다. 이들을 종합하여 설계도서라고 부른다.

표준적인 실시설계도의 구성

표준적인 실시설계도는 공사발주의 구분에 기초해 다음과 같은 도면으로 구성되고 있는 경우가 많다.

실시설계도	
건축설계도	이른바 건축디자인의 부분이 그려진 도면으로 건축도라고도 불린다.
구조설계도	건축도를 기초로, 구조에 특화된 구조설계전문가가 그린 도면을 가리킨다.
공조설비설계도	공조설비나 급배기설비의 설계도에서 급배수설비도, 승강기설비도와 함께 '기계설비도'라고 불리는 경우가 있다. 보통은 설비설계 중에서 공조나 급배수설비에 대한 설계를 담당하는 설계자가 작성한다.
급배수위생설비설계도	상하수도, 화장실 등의 위생도기 등, 급배수설비에 관계되는 부분의 설계도를 가리킨다.
전기설비설계도	전기기기류나 그들의 배선, 수변전설비, 정보인프라 등 전기에 관련하는 부분의 설계도를 가리킨다.
승강기설비도	엘리베이터나 에스컬레이터 등의 승강설비의 부분설계도를 가리킨다. 기계설비도로서 공조나 급배수의 도면으로 정리된 경우도 있지만 건축도에 표현하는 경우나 독립해서 다루어지는 경우 등 여러 가지다.
기계주차설비도	주차장 내에 기계설비를 설치하는 경우에 필요한 설계도이다. 기계설비도로서 정리되는 경우나 건축도에 표현하는 경우 등 여러 가지의 취급하는 방법이 있다.

이상의 도면은 분리발주의 경우나 일괄발주의 경우에도 관례적으로는 구분되는 경우가 많다. 이외에 외벽 등 특정 부분을 분리 발주하는 경우에는 그 부분의 도면을 다른 것과 독립시킨 도면으로 정리한다. 왜냐하면 실시설계도의 가장 큰 역할이 계약서류이기 때문이다. 공사발주의 형태가 먼저이고 실시설계도는 그것에 맞춰 작성되는 서류인 것이다.

평면, 단면, 부분상세도	건물 각부의 상황을 필요에 의해 상세하게 나타낸 도면
전개도	건물 내부의 모습을 입면도처럼 그린 도면
천장평면도	천장면의 모습을 그린 도면. 보통은 천장을 평면에 투영해 위에서부터 내려다본 형태로 기재하는 것에 주의한다.
창호도	평면도상에 부호를 붙여 다음의 창호일람표에 기재된 창호가 어디에 배치되는가를 나타낸 도면. 평면도를 겸용하는 경우도 있다.
창호일람표	창호의 시방을 표 형식으로 기재한 도면
조경도	조경이나 조경계획을 기재한 도면. 배치도와 겸용하는 경우도 있다.
조경상세도	조경의 상세를 기재한 도면
식재도	조경에 사용하는 식재의 레이아웃이나 시방을 기재한 도면. 조경도나 배치도와 겸용하는 경우도 있다.
가설계획도	민간공사에서는 가설계획을 클라이언트나 설계자가 지정하는 경우가 드물지만 관청공사에서는 가설공사를 지정하는 경우가 있는데, 이러한 경우에 가설계획을 설명하기 위한 도면이다.
범위도	단열, 방수, 내화피복 등 범위의 이해가 곤란한 경우에 평면도나 단면도를 사용해 공사의 범위를 도시한 도면이다.
중심도	일본에서는 전통적으로 구조체의 중심선을 기준으로 설계와 시공을 행한다. 근래에는 건물이 직교좌표를 넘은 복잡한 조합으로 되어 있는 경우가 많아 그것을 위해 중심선이 어떤 관계로 구성되어 있는가를 나타내는 도면을 작성하는 경우가 있다.
구획도	보통은 인허가 신청도서로 별도로 작성하지만 실시설계도에 편입시키는 경우도 늘고 있다. 방화, 방재구획이나 채광면적, 배연면제구획면적 등을 기재한다.

표준적인 건축설계도의 구성

앞 페이지에서 소개한 실시설계도 중에서 건축설계도만을 추출해 그 표준적인 구성을 보도록 하자.
(참고 : 국토교통성 관청영선 건축공사설계도서 작성기준)

표준시방서	설계마다 작성되는 것이 아니라, 그 사무소의 도면을 제작하는 방법이 되는 근본적인 시방이 나타난 도서. 보통은 도면의 형식이 아니라 책의 형식으로 정리되어 있는 것을 사용한다. 가장 대표적인 것은 『국토교통성 관청영선 공공건축공사표준시방서』이다.
특기시방서	표준시방서에서는 다 기재할 수 없는 프로젝트마다 개별로 기재가 필요하게 되는 시방에 관한 도면
공사구분 표	특정 공사항목이 건축공사부터 각종 설비공사에 이르는 공사로서, 위치 설정이 있는가를 표 형식으로 정리한 도면
부지안내도	기본설계와 마찬가지로 주요한 인프라 등으로부터 부지의 위치를 특정할 수 있는 도면
부지구적도	부지의 면적을 산출하기 위해 측량사에 의해 작성된 도면
부지현황도	공사비 견적의 기준이 되고 부지의 현황을 나타낸 도면
배치도	부지에 건물배치에 관한 내용을 보여주는 도면
구적도	건물의 각부, 각층의 면적을 산출하기 위한 도면
마감표	건물 각부의 마감을 일람표 형식으로 나타낸 도면
평면도	건물 각층의 공간구성을 그린 도면
입면도	건물의 외관을 그린 도면
단면도	건물의 단면을 그린 도면

Section 3–17

도면을 그린다... 그 네 번째[42)]

건축가에게 가장 가까운 IT도구는 CAD

자, 도면을 무엇으로 그릴까. 실무에 있어서나 학교에서 가르치는 데 있어서 연필을 사용한 핸드드로잉이 최근에 많이 감소하고 있다. 하지만 손으로 그리는 것을 중시한 교육을 실천하는 학교나 신입교육의 일환으로 핸드드로잉을 중시하는 사무소도 많이 있다. 그러한 교육기관이나 사무소에 들어갔을 경우 귀중한 경험이 될 수 있으므로 잠시 그 추억을 만드는 과정을 충분히 즐겨보자(나도 입사 5년간은 연필로 도면을 그렸었다). 하지만 손으로 그리는 것을 고집할 필요가 없는 환경이라면 망설이지 말고 CAD를 이용해서 도면을 그려도 좋다고 나는 생각하고 있다.

CAD란 컴퓨터를 사용해 도면을 2차원으로 그리는 기법이다. 연필이 마우스로 바뀌고, 종이가 화면으로, 그리고 연필의 흔적이 화면상의 디지털 정보로 바뀐 것이다. 하지만 컴퓨터란 자동적으로 도면을 그려줄 정도로 편리한 물건이 아니다. 연필이 IT화된 정도의 작은 기술혁신의 산물에 지나지 않는다.

42) 도면을 알기 쉽게 그리는 열쇠

CAD든 핸드드로잉이든 도면을 알기 쉽게 그리기 위한 열쇠는 선의 굵기에 있다. 기본적으로 3종류가 있다.

- **가장 두꺼운 선**으로, 단면이 되는 부분을 그린다. 평면도의 경우에는 기둥과 벽이다. 외장유리나 가구도 절단면이기 때문에 두꺼운 선으로 그리는 것이 기본이다.
- **중간 정도의 선**으로, 실제로는 있지만 절단면으로는 되어 있지 않은 그 외의 선(보이는 부분의 선)을 그린다. 평면도의 경우 계단의 단, 난간, 가구 등.
- **가는 선**으로, 그 외에 존재하지 않지만 설명을 위해 추가로 그려 넣는 선을 그린다. 계단의 오르내림 표현, 공기조화설비의 취출 표기, 치수선, 인출선 등

그래서 누가 사용하든 같은 도면이 자동적으로 그려질 리가 없다. 경험에 의하면 핸드드로잉이나 스케치가 능숙한 사람은 CAD를 사용해도 깔끔하고 알아보기 쉬운 도면을 그린다. 즉, CAD를 사용하더라도 잘 그릴 수 있는 능력이나 연습이 필요한 것이다. 이것이 129페이지에서 기술한 자기 연습이 필요한 이유다.

하지만 손으로 그리는 것보다 습득하기 용이한 것도 사실이다. 최소한의 기능만 몸에 익히면 누구라도 적당히 도면을 그릴 수가 있다. 수정도 간단하다. 몇 번을 고쳐 그려도 종이가 찢어지거나 하지 않는다. 그 대신 컴퓨터가 제출 직전에 다운되어 데이터가 쓸모없게 되는 경우가 있으므로 반드시 데이터는 자주 백업하자.

여기서는 무상 혹은 비교적 낮은 가격에 구할 수 있는 2차원 CAD를 몇 가지 소개할 것이다. 기본적인 사용법에 관해서는 많은 매뉴얼이 시중에 나와 있고, 선배들이 만든 좋은 매뉴얼이나 정보가 PDF화 되어 웹상에서 쉽게 구할 수 있다.

각각의 특징이 있지만 무엇을 사용할까 망설일 필요는 없다. CAD란 결국은 연필의 연장이다. 사용하기 쉬운 것을 우선 사용하면 된다.

일본의 건축계에서 사용하고 있는 2차원 CAD

일본 건축계에서 사용되고 있는 모든 CAD를 소개하는 것은 불가능하다. 여기서는 학생이 무료로 사용할 수 있는 것, 연구실 등에서 많이 보이는 것, 그리고 내가 사용한 적이 있는 CAD를 선택해서 소개해보려 한다.

▸ AutoCAD

사실상 국내외에서 건축CAD의 표준적인 존재가 되고 있다. 다기능인 한편 고가의 CAD 소프트웨어이지만, 학생판의 경우 무료로 다운받을 수 있기 때문에 앞으로 학교에서의 이용이 늘어날 가능성이 높다. AutoCAD의 데이터 포맷 형식인 DWG나 DXF형식은 이제는 대부분의 CAD소프트웨어에서 불러들이는 것이 가능할 정도이다. 프로의 세계에서는 대형설계사무소나 제네콘에서 실시설계를 중심으로 사용되고 있는 경우가 많다. 세계에서 가장 많이 사용되고 있는 CAD라고 해도 좋을 것이다.

http://www.autodesk.com

▸ Vectorworks

건축의 프로들 사이에서 인기가 높은 CAD. 디자인계 연구실이나 아틀리에 사무소에서 많이 사용한다. 또 건축전문지에서도 도면편집에 사용하고 있는 경우가 많은 것도 특징일 것이다. 색이나 그림자 효과 등 2차원 표현력이 뛰어나기 때문에 기본설계나 콤페 등에서 많이 쓰이지만, 실시설계에서도 충분히 쓸 수 있다. 또 3차원 기능도 가지고 있기 때문에 폭넓은 범위에서의 이용이 가능한 소프트웨어이다. 학생용으로 저가격의 패키지를 제공하고 있는 것도 매력이다.

http://www.aada.co.jp

▸ Jw_cad

Windows계의 컴퓨터에서 작동하는 '프리웨어' CAD. 학생 이상으로 일본의 많은 프로 건축가가 사용하고 있다. 건축설계도를 그리는 데 필요 충분한 기능이 제공되어 있다.
이외에도 일영도, 천공도 등 프로가 건축계획하는 데 필요한 검토도 Jw_cad만으로 할 수 있다. 우선은 다음의 사이트에 접속해서 Jw_cad에 관해서 배우고 다운로드 해보자.

http://www.jwcad.net/

► AutoCAD LT

AutoCAD의 다채로운 기능을 빼고 2차원 도구로 제한한 CAD로 가격도 낮추어 책정된 서브세트판. 기능은 줄어들었지만 건축의 실시설계에는 필요 충분한 기능이 갖추어져 있다.

http://www.autodesk.com

► Illustrator

이미지 처리 소프트웨어로 정평이 있는 Adobe社가 제공하는 벡터 이미지 편집 소프트웨어. 원래는 그래픽디자이너가 인쇄용 원고를 작성하기 위해 만들어진 소프트웨어이지만 다채로운 그래픽 처리가 가능하기 때문에 건축 디자인의 세계에서도 빈번하게 사용되고 있다.

건축에서는 CAD에 의해 작성된 데이터를 Illustrator로 불러들여 채색 등의 처리를 하는 방식으로 많이 사용한다. 학생용으로 저가 패키지를 제공하고 있다.

http://www.adobe.com

아래의 이미지는 무상인데다가 다운로드해서 바로 사용할 수 있는 CAD인 Jw-cad의 화면이다. 무상이면서도 일조나 천공률 등 실무에서 필요한 기능을 표준으로 갖추고 있다. 시판되고 있는 CAD에 비해 인터페이스의 비주얼이 세련되지 않아 보이지만 마우스의 조작 등은 시판되고 있는 CAD를 능가할 정도로 세련된 인터페이스를 가진 일면도 있다.

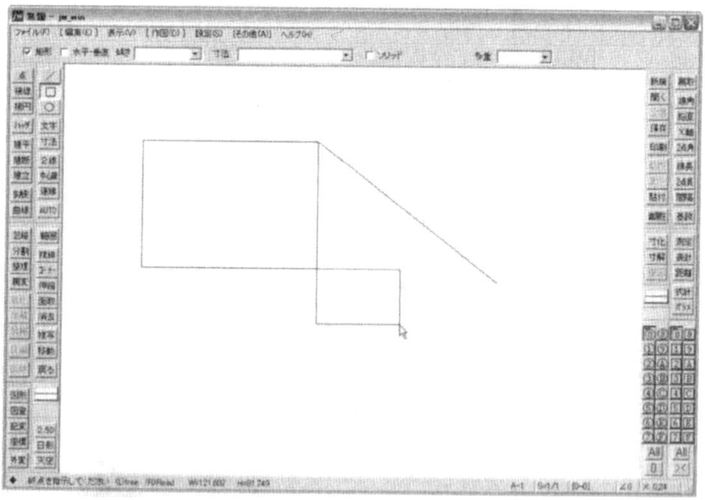

Section 3-18

도면을 그린다... 그 다섯 번째

3차원 설계로부터 2차원 도면을 작성하는 BIM

건축설계도는 보통은 2차원으로 그려져 있다. 건축은 본래 3차원으로, 그것을 2차원으로 표현하는 것이기 때문에 외부공간뿐만 아니라 내부공간을 가진데다가, 천장 속이나 여러 부재의 접합에 의한 돌출 등으로 보기 어려운 부분을 가지고 있는 건축을 2차원으로 완벽하게 표현하는 것은 어려운 일이다.

한편, 건축의 설계의도를 전달하는 미디어가 종이였던 시절에는 2차원 도면은 그리기 쉽고 복사나 보존도 용이하다는 장점이 뛰어나 도면을 2차원으로 그리는 것이 습관이 되어 왔다.

지금은 IT시대이다. 본래 3차원인 건축을 컴퓨터에서 구축된 가상공간에서 구성하면서 설계하는 편이 자연스럽고, 디지털 정보이기 때문에 컴퓨터를 사용한 후처리 작업도 간단할 것이다. 컴퓨터를 사용한 3차원 설계 속에서 거기에 마감이나 건축부재의 강도 등의 정보까지 입력해 디자인만이 아닌 구조계산이나 비용계산까지 일거에 해버리는 거대한 시도도 생겨나고 있다. 이것이 BIM(Building Information Modeling)[43]이라고 불리는 설계기법이다.

43) BIM(Building Information Modeling)
마감이나 가격 등 건축의 여러 정보를 디지털화해서 3차원 형태의 정보로 종합한 '3차원 건축정보 데이터베이스'라고 생각해도 좋다.

건축의 3차원 설계나 BIM은 미국이나 오스트레일리아, 유럽 여러 나라, 특히 북유럽에서는 열정적으로 추진되고 있지만 일본에서는 별로 분위기가 고조되고 있지 않다. 학생의 과제를 봐도 그렇다. 3차원 설계의 선진국에서는 학생도 과제 제출에 3차원 CAD를 일반적으로 사용하고 있다.

일본은 IT후진국이라고는 생각할 수 없음에도 불구하고 3차원 CAD에 관해서는 다른 나라에 비해 꽤 늦어지고 있다. 3차원 CAD나 모델러를 사용해서 CG를 멋지게 그려내는 설계 스타일은 실무에서도 학생에게서도 좀처럼 보기 어렵다. 모두 모형을 잔뜩 만들어보는 것이 일반적이다.

하지만 2010년부터 실무의 세계에서는 급속하게 BIM 등 3차원 설계가 진행되기 시작했다. 3차원이 일반화되는 날이 머지않아 오게 될 것이다.

여기서는 간단한 3차원 설계 툴부터 BIM 툴까지를 소개함과 동시에 3차원 설계도의 샘플을 제시하고자 한다.

일본 건축계에서 사용하고 있는 3차원 CAD

3차원 CAD의 이용은 일본에서는 이제 시작이다. 간단한 것부터 본격적인 것까지 소개한다.

► **Revit Architecture**

AutoCAD를 제공하고 있는 Autodesk社가 판매하고 있는 3차원 CAD로 BIM을 일약 유명하게 한 주역이 되는 존재다. 3차원 모델링 데이터에서 각종 도면이 추출되는 점은 ArchiCAD와 같다.

아래의 주소에 접속해서 등록하면 학생판은 무료로 사용이 가능하다(AutoCAD Revit Architecture Suite). 동시에 AutoCAD까지 구하는 것이 가능하다.

http://www.autodesk.com/eduaction

► **ArchiCAD**

1980년대부터 컴퓨터상의 가상공간에 건축을 구축하면서 설계를 하는 '버추얼 빌딩'의 콘셉트를 내세워 온 Graphisoft社의 건축전용 3차원 CAD의 선구자적 소프트웨어. 3차원 모델링 데이터에서 평면도, 입면도, 단면도, 전개도 그리고 투시도를 추출하는 것이 가능하다. 이를테면 BIM의 선구자이기도 하다. 아래의 주소에 접속해서 등록하면 무상으로 사용할 수 있는 것도 학생에게는 매력적이다.

http://www.graphisoft.co.jp

► **Rhinoceros(라이노)**

제품디자인용으로 자유곡면을 효과적으로 작성하기 위한 목적의 툴로 최근 미국의 건축가와 일본의 아틀리에 건축가 사이에서 매우 인기 있는 소프트웨어이다.

건축전용 3차원 CAD와 같이 자동적으로 작도할 수 있는 편리함은 없지만 보다 자유롭게 3차원 모형을 다룰 수 있는 것이 특징이다. 무상은 아니지만 학생판(교육용)이 있다.

http://www.rhino3d.co.jp

► **Google SketchUp**

Google이 제공하는 3차원 스케치 작성 소프트웨어. 무상이면서 프로들도 만족시킬 수 있는 기능을 갖추고 있다.
무엇보다도 사용방법이 간단해서 반나절 정도면 기본적인 사용방법을 익힐 수 있는 것도 장점이다. 보다 많은 기능을 사용하고 싶은 사람을 위한 Pro판도 있다. 이것은 다른 CAD와의 제휴를 위해 다채로운 데이터의 호환이 가능한 것이 특징이다.
http://sketchup.google.com

3차원에 관해서는 아직 기준이 되는 CAD가 정해지지 않은 상황이다. 위에서 설명한 것 이외에도 예전부터 정평이 있는 'Fome Z' 일본판 CG소프트웨어인 'Shade', BIM계에서 정상을 차지하는 'Bentley systems', 유럽에서 정평이 있는 'Allplan', 주택에 강한 'ARCHITREND Z' 등이 있다. 또한 2차원 CAD로 소개한 Vectorworks는 강력한 3차원 기능도 가지고 있다.
망설이는 것보다 우선 눈앞에 있는 것을 사용해보자. 하나를 익히면 다음 소프트웨어를 습득하는 데에 시간이 그리 많이 걸리지 않는다.

아래 그림은 Google SketchUp의 화면이다. 미국풍으로, 화면에서 보이는 것만으로는 놀이도구와 같이 가벼운 느낌도 있지만 실제로 실무에서도 충분히 사용할 수 있는 기능이 있다. 다수의 매뉴얼이 시중에 판매되고 있는 점도 매력적이다.

Section 3-19

스터디 모형을 만든다

모형을 만들면서 건축을 생각한다.

피렌체에 있는 산타마리아 델 피오레 성당을 설계한 브루넬레스키[44]는 콤페 시에 공중화장실로도 사용할 수 있을 정도의 큰 모형을 만들었다고 하고, 지금도 두오모 안에 몇 개의 모형이 전시되어 있다. 이것은 비단 브루넬레스키에 한해서만은 아니다. 건축가는 옛날부터 모형제작을 통해 건축을 생각하고 있었다.

나도 3차원 CAD를 많이 사용하는 편이지만, 그래도 모형은 항상 제작하고 있다. 모형과 CG는 설계행위 중에서 명확히 다른 역할을 상호 보완적으로 담당하고 있다.

그래서 CG가 아무리 발달해도 모형은 결코 없어지지 않을 것이라고 생각한다. 특히, 모형을 만들어 시간을 들여가며 마치 목재를 쌓거나 점토세공을 하는 듯한 과정들을 통해 건축을 한 번 더 생각하고 검토해보는 것은 적어도 지금의 CG에서는 불가능하다.

과제의 마지막에 작성하는 완성모형은 물론 중요하지만, 몸에 익히고 싶은 것은 '모형으로 스터디'하는 자세이다.

44) 필리포 브루넬레스키(Filippo Brunelleschi)
1377~1446년. 피렌체, 로마에서 활동한 금세공사, 조각가, 건축가.
『천재건축가 브루넬레스키』, Ross King 著 (東京書籍)

스터디 모형의 예

세계적 거장인 세지마 가즈요가 시작해 젊은 건축가의 대표적인 존재의 후지모토 소스케, 그리고 가장 젊은 후지무라 류지에 이르기까지 유명 건축가의 저작물이나 잡지에 발표된 설계 프로세스를 보면 스터디 모형이 다수 등장한다. 또한 설계 프로세스에서 만들어진 모형이 전부 보관되어 좁은 곳에 나열되어 있는 것을 볼 수 있다.

우리들도 자주 모형을 만든다. 자신의 스터디용으로 만든 모형이지만 그런 만큼 오히려 생각을 클라이언트에게 전하기 쉽기 때문에 그대로 프레젠테이션에도 도입하여 활용하는 경우가 많다.

아래는 노무라공예사의 가장 초기 스터디 모형으로서 프레젠테이션에도 사용된 것이다. 내부의 액티비티를 연구하기 위해 Preiser社의 미니어처 모형의 인물을 많이 배열하고 있다.

Section 3-20

사진을 촬영한다

홀가분하게(가볍게) 메모 대신 우선 많은 사진을 촬영해보자.

여기에서는 "사진을 어떻게 하면 잘 찍을 수 있을 까요."라고 하는 사람들을 위한 페이지다. 원래 사진을 좋아하는 사람은 넘어가도 상관없다.

프로의 건축사진 촬영은 삼각대를 사용해서 차분하게 촬영한 것이 많다. 최종적으로 그런 사진을 목적으로 할지도 모른다. 하지만 사진촬영이 능숙하지 않은 사람은 스케치와 마찬가지로 능숙하지 않아도 좋으니까 마음에 드는 장소부터 외관, 내부, 디테일을 따지지 말고 열심히 촬영하는 것이 중요하다. 자신의 눈으로 좋은 것과 나쁜 것을 구분하는 일련의 프로세스를 체험해보자.

5,000매 정도 찍으면 최소한의 기술은 몸에 익히게 될 것이다. 많은 양의 사진을 찍어보는 것이 관건이므로 디지털 카메라도 상관없고 언제나 가지고 다닐 것을 생각한다면 포켓사이즈가 좋다. 중요한 것은 자신이 촬영한 사진을 반드시 엄격하게 구별해서 '잘 찍었다'라고 생각하는 사진을 선택하는 것이다.

내 서랍 속에 있는 디지털 카메라.
이유는 잘 모르겠지만 1년에 한 대는 산다.

디지털 카메라를 고르는 포인트

디지털 카메라를 가지고 있지 않다면 반드시 구해서 매일 가지고 다니며 건축에 국한하지 말고 마음에 드는 것을 열심히 촬영하자. 디지털 카메라를 고를 때는 다음의 포인트에 주목하자.

□ 먼저 예산을 결정한다
디지털 카메라는 여러 가지 종류가 있다. 성능을 위주로 고르면 가격이 한없이 비싸진다. 우선은 상한 예산을 정하자.

□ 광각렌즈
건축은 사이즈가 대단히 크다. 그래서 화각(畵角)이 넓은 (넓은 범위를 한 번에 촬영할 수 있는) 광각렌즈가 필요하다. 보통은 '135mm 카메라 환산'으로 화각이 표시되어 있다. 28mm 이하의 화각의 것이 좋은 것이다. 카메라를 사용하면 우선 화각의 조정방법을 익힌다.

□ 밝은 렌즈 또는 손떨림 보정기능
렌즈가 밝은 만큼 어두운 장소의 촬영이 편해진다. 인테리어를 촬영할 일이 많은 건축가에게는 밝은 렌즈는 필수품이지만 그만큼 가격도 높아진다. 그것을 대체할 수 있는 것은 손떨림 방지기능이다. 1/4초 정도 느린 셔터 속도에서도 손으로 잡고 충분히 가능해진다. 우선은 손떨림 방지기능은 평소에 ON으로 한다.

□ 예비 배터리
여행은 촬영의 기회이지만 하나의 배터리로 촬영 가능한 것은 고작 300매 정도이므로 대량 촬영시에는 예비 배터리가 필수다.

□ 결정을 내리지 못하면 소형 카메라
기능을 조작하는 것이 어려우면 소형 카메라를 선택하자, 매일 가지고 다니기에는 소형이 편리하다. 나중에 SLR카메라를 샀을 때도 소형 서브 카메라는 편리하다. 콤팩트 디지털 카메라의 진수를 맛보게 될 것이다.

□ 멋진 카메라를 사용한다
또 하나의 중요한 것은 멋지다고 생각하는 카메라를 사용하는 것. 멋없는 카메라보다도 멋진 카메라는 촬영의 모티베이션을 확실히 높여준다. 어디에서 촬영하든 촬영하기에 멋진 도구를 가지는 것도 중요하다고 생각한다.

사실, 건축촬영에 적합한 카메라는 많지 않다. 사진촬영에 관심이 많은 멘토에게 물어보면 지금 인기 있는 콤팩트 디지털 카메라가 무엇인지 바로 알 수 있다.

꼼꼼하지 못한 사람을 위한 사진 정리방법

건축을 공부하기 시작하면서 평소에 디지털 카메라를 가지고 다니게 되면 놀랄 정도로 많은 사진 데이터가 모인다. 여기서는 꼼꼼하지 못한 사람을 위해 내가 10년 이상 실천하고 있는 사진정리 방법을 공개한다. 이 방법이라면 많은 노력을 들이지 않고 방대한 데이터를 보존, 검색, 재이용, 관리할 수 있다.

1 우선은 PC를 준비한다. 나는 Windows 사용자다. Mac을 사용하는 여러분에게는 미안하지만 정리에 관한 방법은 같기 때문에 자신의 PC에 맞게 응용하기 바란다. 사진은 HDD에 저장한다. 조금 무리해서라도 대용량의 HDD 2대를 구입해 데이터 백업을 정기적으로 해서 데이터 손실에 대비한다.

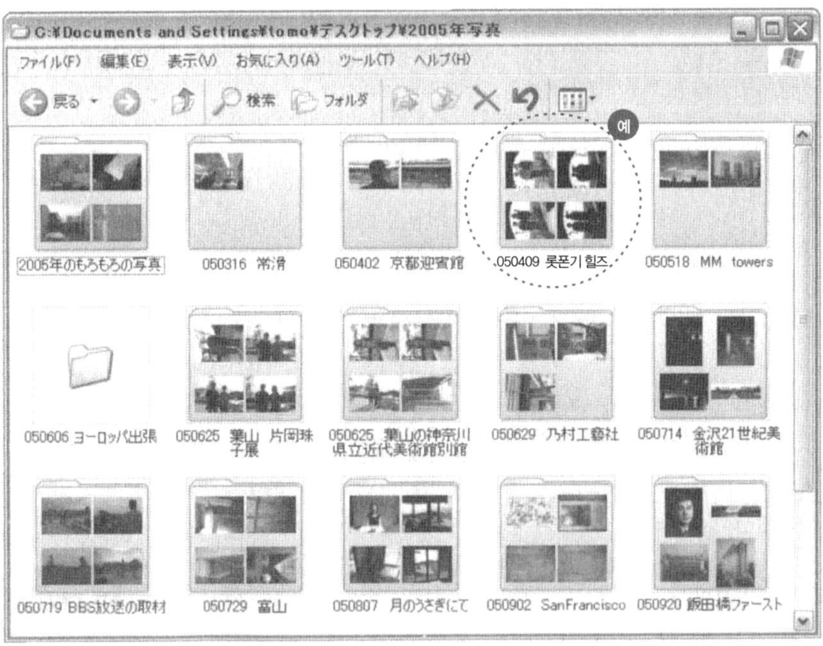

2 보존하는 폴더상에 촬영일을 6자리로 표시한 번호+건축명칭으로 서브폴더를 만든다. 2005년 4월 9일에 롯폰기 힐즈를 촬영한 것이라면 '050409 롯폰기 힐즈'라는 식이다. 날짜와 파일명을 기준으로 검색 소프트웨어를 사용하지 않아도 목적하는 데이터를 대부분 찾을 수 있다.

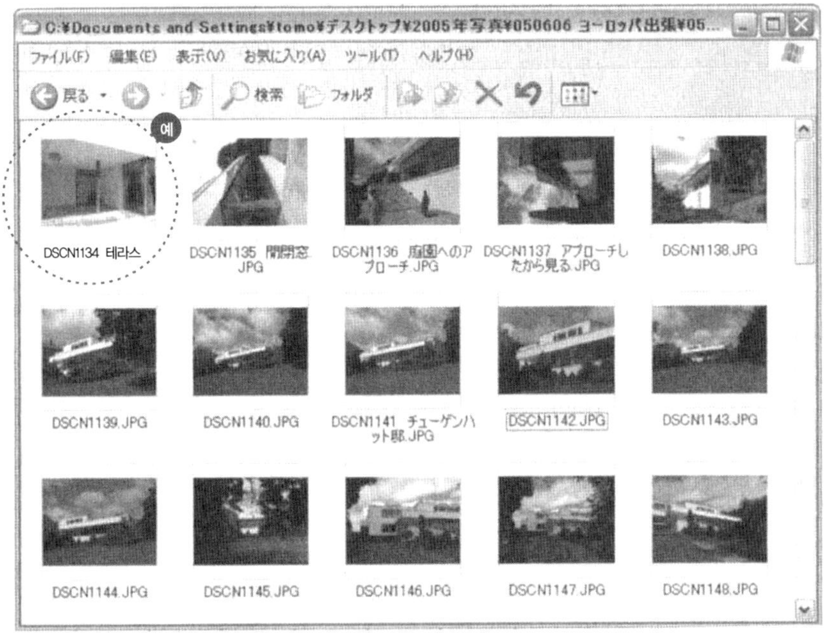

3 2에서 만든 폴더는 촬영해온 데이터를 저장한다. 특히 마음에 드는 사진이 있으면 데이터명의 뒤에 메모나 키워드를 넣어둔다. 이것으로 검색이 간단하게 된다. 후일 재이용을 반복할 때에 키워드를 추가해도 된다.

4 Google 데스크톱과 같은 컴퓨터상의 데이터를 전부 검색해주는 무료 어플리케이션을 설치한다. 이것으로 인터넷에서 검색하는 것과 같은 사진검색이 가능하게 된다. 함께 구글에서 제공하고 있는 Picasa도 사용하면 편리하다. Google 데스크톱에 관해서는 아래를 참조하기 바란다.
(Mac용도 있다.)
http://desktop.google.com.
Picasa에 관해서는 아래를 참조하기 바란다.
http://picasa.google.com

이렇게 간단한 방법이지만, 나는 태어나면서부터 지금까지의 사진뿐만 아니라 모든 스케치, 자신의 작품에 관한 자료, 원고 등을 디지털 데이터로 변환해서 이 방법으로 보관하고 있다. 수동으로 자료를 찾을 때에도 Google 데스크톱 등의 검색엔진을 사용해 검색할 때에도 매우 좋은 방법이 되고 있다.

파노라마 사진을 간단하게 만든다

건축물은, 당연한 이야기지만 규모가 크다. 거기에 내부공간도 있다. 전체를 찍지 못하는 경우에는 여러 장의 사진으로 나눠 촬영하여 재합성한 후 연결해 파노라마 사진을 만든다.

- 간단한 방법은 출력해서 잘라 붙이는 것인데, 이것은 당연히 딱 맞지 않는다. 하지만 그것이 오히려 더 재미있다. 좋은 사례로는 현대미술의 거장인 데이비드 호크니(David Hockney)의 합성사진이라고 불리는 수법이다. 피카소의 그림처럼 입체를 파악하는 눈의 움직임이 읽어낼 수 있는 사진이라고도 말할 수 있다(검색엔진에 Joiner photo라고 치면 샘플을 볼 수 있을 것이다).
- 이 작업을 PC상에서 하는 것은 정말 간단하다. 사진을 PC상에 다루는 대표적인 소프트웨어는 Adobe社의 Photoshop이다. 고가이지만 학생의 경우 아카데미 팩을 사면 비교적 저렴하게 해결된다.
- 보다 본격적인 파노라마 사진을 만들 때에도 Photoshop을 사용한다. 내가 알고 있는 한 CS3부터는 보다 최강의 파노라마 사진 작성 툴이라고도 말할 수 있을 것이다(이전 버전도 있었지만 CS3로 만족한 결과를 얻을 수 있게 되었다).
- Photoshop의 사용방법은 간단하다. 우선은 이어 붙이고 싶은 사진을 준비한다. Photoshop의 메뉴에서 File >Automate >Photomerge를 선택한다. 열린 창에서 이어 붙이고 싶은 사진을 전부 선택해서 읽기를 누르고 수십 초 기다리면 사진이 1장으로 이어진다. 이 중에서 마음에 드는 부분을 자르면 깨끗한 파노라마 사진이 완성된다.

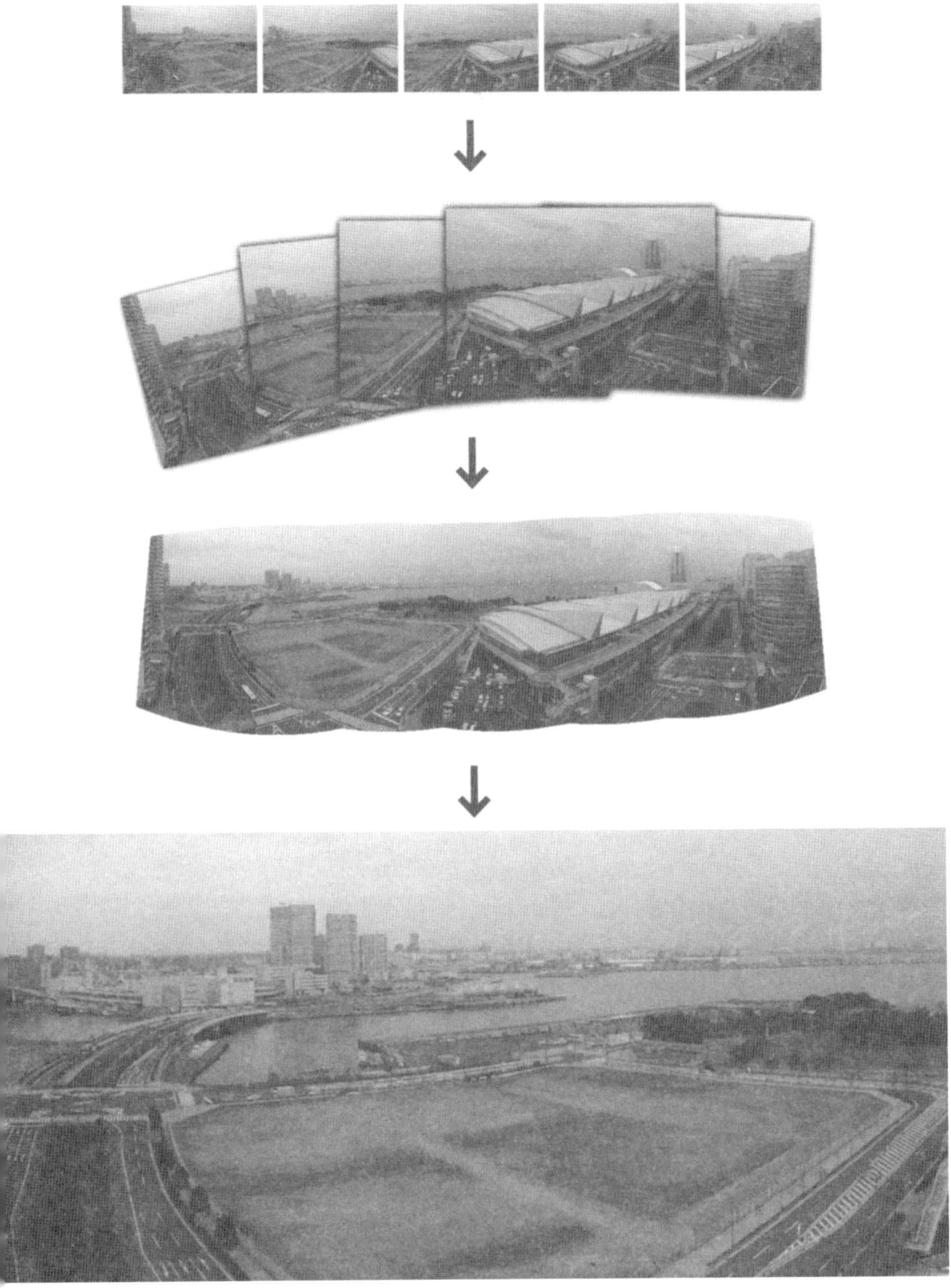

Section 3–21

사진을 약간 가공한다

콤팩트 디지털 카메라로 촬영한 사진을
프레젠테이션에서 사용하기 위한 가공

스냅사진 등을 사나이마사후미(佐内正史)씨와 HIROMIX라도 된 양 촬영하더라도 과제의 참고사진 등에서는 이른바 '건축사진'적인 이미지가 필요할 때도 있다. 이러한 때는 'Photoshop'이 유용하다.

Photoshop은 디지털 사진 등의 이미지를 변형, 수정하는 소프트웨어로 건축가에게나 학생에게 있어서 필수품인 한편 기본 소프트웨어의 하나다. 많은 기능이 있지만 여기서는 사진가공에 관한 방법의 사례를 보일 것이다.

콤팩트 디지털 카메라로 촬영한 사진의 대부분은 ① 촬영 자체가 기울어져 있다. ② 렌즈의 왜곡에 의해 이미지가 비뚤어져 있다, ③ 노출 부족 등으로 계조(밝은 부분부터 어두운 부분까지 변해가는 농도)가 불충분하다, ④ 조명 등에 의해 색이 변색되어 있다, ⑤ 트리밍이 부적절한 경우 등의 현상이 당연히 발생하고 있다. 이것은 Photoshop을 사용해서 가공하면 그 나름대로 사용이 가능한 사진으로 바뀐다. 단, 지나치게 사용하는 것은 주의하기 바란다.

사진가공을 위한 Photoshop의 사용법

Photoshop(CS4)의 방대한 기능 중에서 우선 아래 기능의 사용방법을 익혀 사진 가공의 기초 테크닉을 몸에 익히자. 처음에 매뉴얼을 구해 다음 각 테크닉을 마스터하자.

► **기울어진 사진을 수정한다. ⇒ 렌즈보정**

Menu → Filter → Distort → Lens Correction과 풀다운 메뉴를 따라가면 렌즈보정의 창이 열린다. 우측에 표시된 패널의 가장 아래의 'Transform' 내에 각도를 입력하는 것으로 경사를 보정할 수 있다.

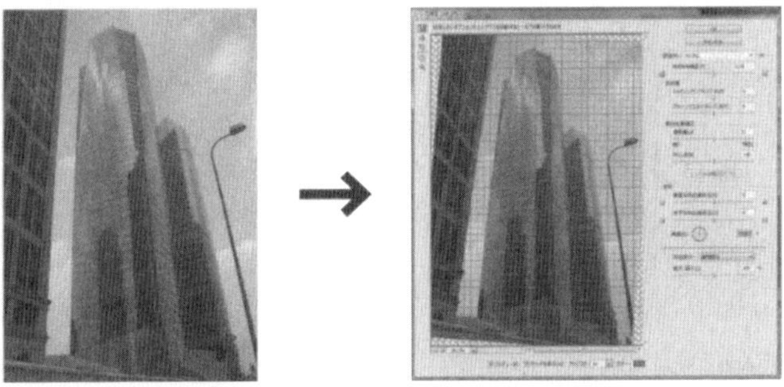

► **렌즈의 왜곡보정 ⇒ 렌즈보정**

위와 같이 Menu → Filter → Distort → Lens Correction과 풀다운 메뉴를 따라 가면 렌즈보정의 창이 열린다. 상단의 패널 최상단의 'Remove Distortion'의 슬라이더를 좌우로 움직여 화면의 뒤틀림을 수정하자.

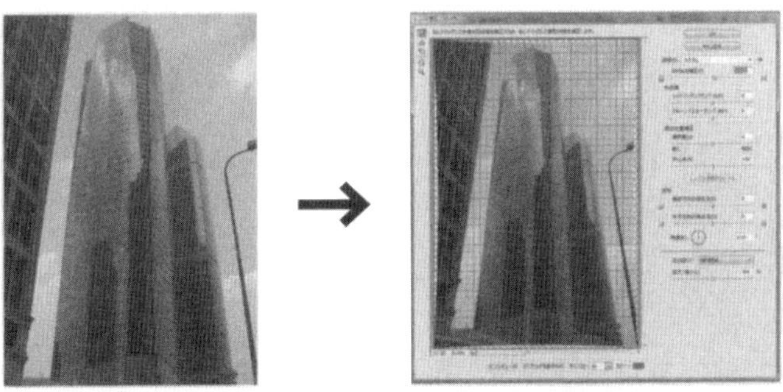

► **계조 부족을 보정 ⇒ 레벨보정**

Menu → Image → Adjustments → Levels로 들어가서 위아래의 그래프를 이용해 계조를 조정해간다.

상단 한가운데의 삼각형을 왼쪽으로 움직이면 중간색이 밝게 되고 반대로 오른쪽으로 움직이면 어둡게 된다. 양단의 삼각형은 각각 어느 정도로 밝고 어둡게 할 것인가를 설정하는 것이기 때문에, 그것에 의해 부족한 계조를 유사하게 해주는 것이 가능하다. 계조 부족, 밝기 등이 부족할 때에는 '밝기, 콘트라스트'가 아니라 레벨보정을 능숙하게 사용하는 것이 기본이다.

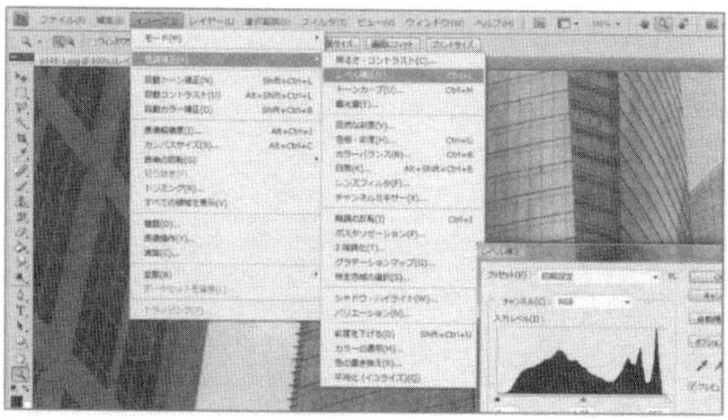

► **색의 변색보정**

색의 컨트롤은 약간 번거롭다. 기본적으로는 다음 4가지의 기능을 사용해서 보정해간다. 1. Curves, 2. Color Balance, 3. Levels의 스포이트 툴, 4. 색상, 채도

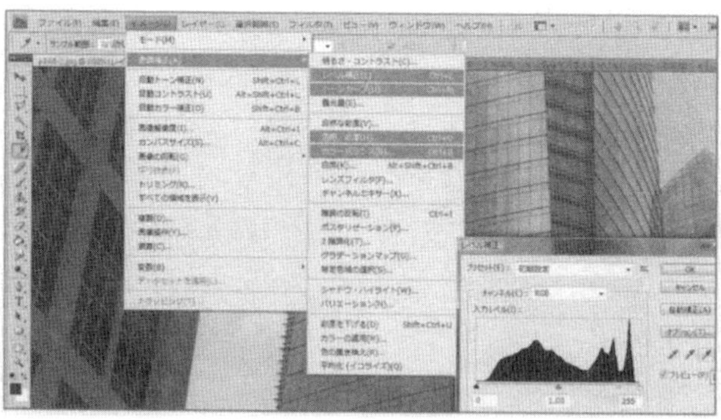

▶ **Crop**

이것은 간단하다. 툴 팔레트에서 Crop Tool을 선택해서 1. 장방형의 대각선 1번째 점을 클릭하고, 2. 반대쪽의 대각선 2번째 점을 클릭하고, 3. 마지막에 장방형의 내측에서 더블클릭하면 OK이다.

▶ **New Adjustment Layer**

New Adjustment Layer를 사용하면 레벨보정이나 Curves 등의 보정이 오리지널 데이터를 망가뜨리지 않고 몇 번이라도 조작할 수 있다. 반드시 사용법을 익혀보도록 하자.

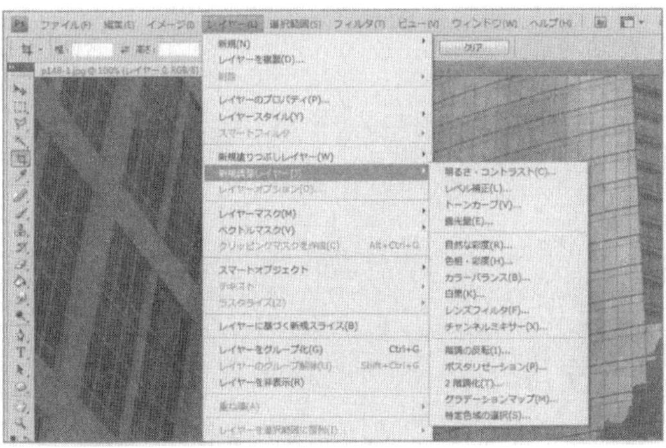

Section 3-22

프레젠테이션을 모은다

모처럼의 디자인도 보는 사람에게 바르게 전달하지 않으면 빛을 볼 수 없다.

디자인은 혼자서는 완결할 수 없는 작업이다. 반드시 의뢰자인 클라이언트가 있다. 자신의 혼을 다한 디자인이라도 클라이언트를 이해시킬 수 없다면 빛을 볼 수 없게 된다.[45)]

모형이나 도면, 투시도나 CG 그리고 그것들을 정리한 프레젠테이션 패널은 자신의 디자인을 전달하기 위한 중요한 도구인 동시에 그 정리한 작업 자체도 하나의 디자인이라고 말할 수 있다.

기본적으로 확인할 것은 ① 자신이 전달하고 싶은 것이 명확한가, ② 받아들이는 입장에서 생각할 때 그것이 전달되는가, ③ 의도한 부분이 형태로 되어 있는가 3가지이다.

자신의 생각이 정리되어 있지 않으면 전달할 수가 없고 듣는 사람의 입장이 되지 않으면 전달할 수 없다. 기분만이 아니라 그것들이 형태로 되어 있지 않으면 의미가 없는 것이다.

45) 클라이언트에게의 설명
능숙해지지 않는 한 어떻게 해도 긴장된다. 모든 것을 설명하려고 생각하지 말고 가능한 한 3가지로 한정한다. 그 다음에는 질문에 대답하는 것에 전념하면 마음에 여유를 가질 수 있다. 설명을 듣는 쪽도 한번에 많이 설명을 듣는 것보다도 질문에 대한 답을 듣는 편이 이해하기 쉽다.

프레젠테이션을 정리하는 법

세상에는 특히 비즈니스서라고 불리는 분야에서는 '프레젠테이션'의 매뉴얼이 많이 있다. 모두가 고민하고 있는 것이다.

건축 프레젠테이션 제작의 기본은 주변에 많이 있다. 막연하게 보는 것이 아닌 무엇인가를 느낀다면 그것을 이해하고 분석해보는 것이 중요하다.

콤페[역자주]나 과제의 프레젠테이션을 본다

콤페의 프레젠테이션 패널은 건축가가 심혈을 기울인 살아 있는 프레젠테이션 테크닉의 보고다. 우선은 견학하여 마음에 드는 설계안을 적당히 고른다. 다음으로 막연하게 본 것만으로 자신이 무엇을 이해했는가를 분석해보면 그 프레젠테이션 패널의 테크닉을 이해할 수 있다.

공개 콤페만이 아니다. 학교 과제에서 우수자의 패널도 마찬가지로 분석해보자. 특히 '자신과 같은 제안인데 왠지 그 녀석만 좋은 평가를 받았다.' 라고 생각되는 상황에 직면했다면 절호의 기회이므로 반드시 분석해보도록 하자.

원인은 프레젠테이션의 차이에 있을지도 모른다. 철저하게 분석해보면 프레젠테이션의 부족한 부분을 알 수 있을 것이다.

콤페 정보가 게재된 출판물을 본다

아이디어 콤페의 우수작품은 잡지에 게재된다. 자신이 응모한 콤페라면 의식을 가지고 더욱 상위 안의 프레젠테이션을 분석해보자. 상위의 안은 어떤 것이나 드로잉에서 아이디어의 골자를 명확하게 읽어낼 수 있는 것이어야 한다. 읽을 때에는 심사위원의 강평도 도움이 된다.

또한 『future Arquitecturas』와 같은 전문잡지도 세계의 콤페에서 우수한 작품의 프레젠테이션을 소개하고 있다. 반드시 읽어 보도록 하자.

역자주: 콤페
좋은 설계안을 선정하기 위해 다수의 안을 모집하는 설계경기로, 우수한 설계안과 이를 수행할 수 있는 건축가를 찾는 것을 목적으로 한다.

Section 3-23

포트폴리오를 모은다

자신의 일을 점검하여 정확도를 높이고, 표현력을 몸에 익히자.

과제나 프로젝트의 정리에는 막대한 에너지를 필요로 한다. 하지만 수행의 길은 더 앞에 있다. 이번에는 제출한 과제나 프로젝트를 프레젠테이션 없이도 사람에게 설명할 수 있는 작품집=포트폴리오로 정리해보자.

포트폴리오의 작성은 자신의 과제를 점검하여 문제점을 찾아내 정확도를 높여 나가기 위한 중요한 프로세스이다. 작업 중에는 애매했던 점도 이러한 과정이 되풀이되는 동안 깔끔하게 정리되면 다음 과제에 힘이 된다.

학교에서 수행 중에 경험할 수 있는 과제의 수는 놀랄 정도로 적다. 포트폴리오를 정리하는 것을 통해 그래픽 측면에서의 표현력이나 글을 정리하는 능력도 갈고 닦을 수 있다. 그리고 무엇보다도 완성도 높은 포트폴리오는 유학이나 취직할 때에 중요한 도구가 된다. 반드시 정리해두도록 하자.

포트폴리오를 정리하는 법

포트폴리오는 그 정리방법 자체가 건축디자인의 프로를 목표로 하는 데 있어서의 능력을 나타내는 것으로 받아들여진다. 디지털 시대의 장점을 살려서 정리하는 방법의 공부를 시도하는 것이 중요하다. 여기서는 포트폴리오의 대표적인 사례를 소개한다.

A4판 클리어 파일

과제의 제출물을 모아 A4 사이즈로 프린트해서 정리한 것으로, 이것은 자신의 첫 번째 포트폴리오로 적절하다. 소형이기 때문에 많은 작품을 정리하기에도 편리하다.

어려운 점은 도면 등이 작아 제대로 강조할 수 없다는 점이다. 특히 원본이 A1 등 큰 사이즈의 도면을 A4로 축소하면 매우 보기 어려워진다. A4 사이즈에 맞게 레이아웃을 재편성하는 것이 필요하다. 레이아웃한 데이터를 PDF화해두면 메일에 의한 발송 등도 간단하게 할 수 있다.

과제가 끝날 때마다 정리해서 각 학년의 마지막에 재검토해서 취직이나 유학의 기회가 있을 때 다시 수정한다면 완성도는 자연히 높아질 것이다.

완성하면 친구나 선배에게 보여주고 의견을 들어보자. 혼자 만족하는 알기 어려운 포트폴리오에서 벗어나기 좋은 방법이다.

제본한 포트폴리오

한층 더 나아가, 한 권의 책으로 제본한 포트폴리오도 최근에는 많이 보인다. 표지나 종이 질, 레이아웃 등 A4 사이즈 클리어파일에 비해 훨씬 더 완성도 높은 디자인 센스를 보여줄 수 있는 형식의 것은 확실히 강한 인상을 줄 수 있다. 한편, 내부에 게재된 작품의 질이 낮으면 역으로 '포트폴리오의 모양새에 신경 쓰기 전에 먼저 건축가로서 기본적으로 갖추어야 할 것이 있다'라고 생각해버릴 것이다. 양날의 검이라고도 말할 수 있다.

제본이 아니라 단일 프로젝트마다 여러 페이지의 팸플릿 형식으로 일을 정리하는 것도 효과적이다. 준공 등 업무의 단락마다 팸플릿을 작성해서 친구나 잡지사에 배포해서 자신의 업무를 보여주는 경우는 프로가 된 후에도 많이 하게 된다.

멀티미디어

과제의 도면 대부분이 CAD나 3차원 CAD로 그려진 것이기 때문에 디지털 데이터의 특징을 살려 멀티미디어로 포트폴리오를 작성할 기회가 앞으로는 점점 증가할 것이다.

PDF 파일의 작성은 너무 간단하기 때문에, 별도로 할 경우 프로의 세계에서 가장 넓게 사용되고 있는 것은 PowerPiont나 Keynote에 의한 슬라이드 쇼의 작성일 것이다. 비디오 등도 담을 수 있기 때문에 다채로운 표현을 간단하게 할 수 있다. 취직을 위한 면접 중에도 멀티미디어에 의해 작성된 프레젠테이션이 조금씩 있거나 증가하고 있다. BIM 등의 3차원 설계가 학생들 사이에서도 일반화됨에 따라, 멀티미디어가 아니면 표현할 수 없는 아이디어도 늘어나 포트폴리오의 멀티미디어화가 진행될지도 모른다.

한편, 멀티미디어의 경우에는 받는 쪽의 기본적인 능력의 문제나 포트폴리오 전체를 간단히 훑어보는 것, 즉 브라우징이 어렵다는 결점이 있다. 종이를 바탕으로 한 포트폴리오와의 적절한 역할분담을 생각해둘 필요가 있을 것이다.

원도

디지털화가 발달하고 있는 세상이지만 손으로 그린 도면에 구애받는 사람도 많다. A1 사이즈에 꽉 차게 그려진 프리핸드 스케치나 꾸미려고 착색된 드로잉 등을 보고 있으면 매우 뿌듯하다. 또 소형 스케치북 형식의 프레젠테이션도 감탄하게 하는 경우가 있다. 스케치는 분명히 능숙한 사람과 능숙하지 못한 사람이 있다. 능숙할 경우 손으로 직접 그린 드로잉이나 스케치를 적극적으로 활용한 포트폴리오도 좋을 것이다.

CAD의 경우에도 복잡한 도면이 축소된 것이 아닌 큰 용지에 치밀하게 그려진 드로잉을 원래의 스케일로 출력해서 제본한 포트폴리오도 매력적이다. 디지털을 이용하고 있다고 해도 사실적인 사이즈의 것에는 리얼한 느낌이 있을 것이다. illustrator와 프린터의 해상도에 입각한 도다츠토무의 업무처럼 디지털을 살린 섬세함을 가진 드로잉이 건축의 세계에도 나타난다면 좋지 않겠는가.

iPhone & iPad

기회가 어디에서 어떻게 올지는 아무도 알 수 없다. 항상 자신의 작품을 정리한 포트폴리오를 가지고 다녀 기회가 오면 언제든지 프레젠테이션할 수 있도록 준비를 해두는 편이 좋다. 사실 많은 건축디자인의 프로들은 자기 작품의 포트폴리오를 iphone이나 ipad에 가지고 다니고 있다. 친구에게 최근의 작품을 보여주거나 클라이언트가 될지도 모르는 사람들에게 자신의 작품을 알리기 위해서이다. 특히 iphone상의 포트폴리오가 큰 역할을 하는 것은 여행이나 출장 갈 때이다. 전철이나 비행기 안에서 만난 사람에게 자신의 작품을 소개하거나 외국 건축가와 만날 때에 자신의 작품을 보여주는 것을 기회로 관계를 이어나갈 수 있다.

실은 나도 그런 경험을 가지고 있다. 며칠 전 스페인에 출장을 갔을 때 비행기에서 옆에 앉은 호주사람과 서투른 영어로 이야기를 하게 되었다. 그도 건축가인 것을 알고 즉시 iphone을 꺼내 비주얼 커뮤니케이션을 시작했고 이야기가 고조되면서 나중에 메일로 연락을 주고받는 사이가 되었다. BIM의 선진국인 호주의 정보를 제공받거나 하고 있다. iphone이라는 정보 디바이스가 face to face의 커뮤니케이션의 장으로도 쓸모가 있는 것이 재미있다.

Section 3-24

아이디어 설계에서 두각을 나타낸다

건축디자인의 기초적 리터러시가 추궁 당한다.

제한된 시간 내에 아이디어를 내어 건축적으로 정리해서 그것을 사람에게 전달할 수 있도록 표현하는 것은 프로 건축가로서 기초적인 능력 중 하나이다.

이러한 기초적인 능력을 단적으로 물을 수 있는 것으로 '아이디어 설계[46]'를 들 수 있다. 신입사원 채용 시에도 아이디어 설계를 부과하고 있는 설계사무소가 많다. 포트폴리오에서는 파악하기 힘든 기초적인 설계능력을 보기 위한 것이다. 마지막 아웃트라인도 중요하지만 아이디어가 확고해질 때까지의 에스키스(esquisse)야말로 기초적인 능력의 차이가 명확하게 드러난다.

설계는 팀 작업이지만 첫 번째 단계는 모두가 가지고 접근하는 스케치일 것이고, 제한된 시간 내에 아이디어를 생각해내는 프로세스는 확실히 아이디어 설계를 할 수 있는 능력이다. 아이디어 설계에서 두각을 나타내는 것이 가능한 기초적인 능력이 프로의 세계에서는 필수이다.

여러 날에 걸쳐 아이디어를 완성하는 것과 즉석에서 아이디어를 짜내는 아이디어 설계와는 필요한 골자가 조금 다르다. 건축의 프로에 있어서는 양쪽이 다 필요하기 때문이다. 아이디어 설계의 골자에 관해서 간단하게 설명하려 한다.

46) 아이디어 설계의 제한시간
아이디어 설계의 제한시간은 각각 다른데 보통은 2시간이지만 길어도 6시간 정도. 이 제한된 시간에 과제를 읽고 이해해서 콘셉트를 세워 스스로의 아이디어를 도면을 통해 보여주지 않으면 안 된다. 처음에는 매우 어렵다고 생각할지도 모르지만, 반복해서 연습하는 것으로 작업의 스피드와 스케치 실력을 올릴 수 있다. 평소 과제에서도 스케치 단계부터 아이디어 설계에 반영해 시간을 정해 그려보면 실력은 눈에 띄게 향상할 것이다.

① 집중력

마감까지의 제한된 시간 내에 설계를 정리하기 위해서 가장 필요한 것은 무엇보다도 집중력이다. 클라이언트 앞에서 수분간 아이디어를 짜내는 데에는 집중력이 필요하다. 집중력을 기르기 위해서는 아이디어 설계로 반복해서 도전하고 그 자리에서 확실하게 아이디어를 짜내려고 하는 강한 의지력을 연마할 필요가 있다.

② 아이디어의 능력

시간이 제한되어 있는 상황에서는 콘셉트를 치밀하게 잘 다듬을 시간이 없다. 우선, 아이디어를 짜내고 최적이라고 생각되는 것을 선택할 수 있는 판단력이 필요하다. 이것에는 111페이지에서 소개한 브레인스토밍과 같은 아이디어를 내는 훈련을 평소에 반복해서 하는 것이 필수불가결하다. 유명한 건축가의 아틀리에에서 우수한 건축가를 배출하는 것은 건축가와의 대화가 사실은 이 아이디어를 짜내는 최고의 기회가 되고 있기 때문이다.

③ 표현력

아이디어 설계에서는 CG나 CAD가 아니라 프리핸드 스케치에 의해 표현해야 한다. 하지만 능숙한 스케치만이 좋은 표현은 아니다.

옛날에 단게 겐조가 이끄는 단게 연구실에서는 우수한 젊은 건축가들이 자신의 안을 각각 섬세한 스케치로 그리고 있었지만, 거장 단게는 매우 굵은 매직잉크 펜으로 섬세한 선이 보이지 않을 정도의 대담한 스케치를 거듭 그려 일축했다라는 이야기를 들은 적이 있다.

노무라 빌딩(도쿄도 츄오구)의 가장 초기 스케치

잘 그린 것만이 좋은 표현은 아니지만 평소부터 스스로의 개성을 살린 스케치의 능력을 길러 둘 필요는 있다.

Section 3-25

졸업설계[47]에 도전한다

차질이 생기지 않기 위한 3가지 포인트

아이디어 설계가 집중력, 아이디어 능력, 표현력을 연마하기 위한 즉흥시라고 한다면, 그 반대로 장편소설에 비유되는 것이 졸업설계일 것이다. 구상력, 일정관리능력, 통솔력 등 이것은 또한 프로 건축가에게 요구되는 또 하나의 측면을 연마하는 절호의 기회다.

실제로 프로의 세계에서는 소형 주택에서조차 졸업설계를 초월하는 장기 프로젝트인 경우가 보통이며, 일정을 짜고 그것에 따라서 일을 진행해 나가는 관리능력이 필요하다. 그리고 지금까지 몇 번이나 써온 것처럼 프로젝트는 많은 사람들의 협동에 의해 성립되고 있다.

후배를 이끌면서 제작에 임하게 되는 졸업설계는 통솔력이 시험되는 장이다. 그리고 무엇보다도 실제 사회에서는 과제를 스스로 설정한다는 구상력이 작품의 질을 크게 좌우한다. 졸업설계도 마찬가지다.

학생들의 취업용 포트폴리오 속에 있는 졸업설계를 보면 빠져들기 쉬운 몇 개의 패턴이 보인다.

- 졸업설계의 테마, 과제를 좁힐 수 없다.
- 테마에 대한 문제 설정이 애매해서 디자인이 단순한 형태놀음에 빠지거나 의미 없는 것이 정밀하게 표현된다.

47) 졸업설계 참고서적
『졸업설계에서 생각한 것. 그리고 지금』, 이가라시 다로 편
『졸업설계에서 생각한 것. 그리고 지금〈2〉』, 이가라시 다로 편
『건축계 학생을 위한 졸업설계 진행방법』 일본건축학회 편(井上書院)
『졸업설계 콘셉트 메이킹』, 마츠모토 유타카(学芸出版社)
『졸업설계 일본 제일 결정전 Official Book』, 센다이 건축도시학생회의 편 외(建築資料研究社)

• 정신을 차려보면 시간만 낭비하고 있다.

자신의 졸업설계를 생각해봐도, 같은 부분에서 차질을 빚어 생각한 것만큼의 성과를 내지 못한 것 같은 느낌이 들 것이다.

여기서는 프로인 우리들이 매일 설계활동 속에서 행하고 있는 방법들 중 졸업설계에 유용할 것 같은 수법을 ① 구상, ② 일정관리, ③ 통솔의 3가지의 카테고리로 나누어 소개하려 한다.

① 구상력

- **테마와 문제 설정을 일렬로 정리해본다**

  팔을 걷어붙이고 테마 설정이나 문제 설정을 실행하려고 한 순간 머리가 얼어붙는다. 한 줄로 적을 수 있는 심플한 테마와 그것에 대해 역시 한 줄로 적는 심플한 문제 설정에서 시작해보자(우리 작품인 '목재회관'에서는 '도시건축에 있어서의 목재의 복귀'였다). 111페이지에서 소개한 마인드맵이나 브레인스토밍의 수법을 살려서 심플한 테마나 문제 설정을 정리해가는 동안 테마의 본질이 보일 것임에 틀림이 없다.

- **아이디어 설계를 해보자**

  갑자기 세밀하게 다듬어져 선택된 것은 구축할 수 없다. 졸업설계가 되면, 어찌됐든 어깨에 힘이 들어가기 마련이다. 우선은 생각해둔 부지에서 테마를 앞에 두고 문제 설정[48)]을 행하고 프리핸드 스케치로 정리한 작업을 반복해보자. 하루에 1개의 안, 아니 3개 안 정도를 스케치해보자. 졸업설계의 초기단계부터 주시하기 시작해서 순간 정지된 느낌이 있을 때야말로 효과적이다. 손끝에서 발상되는 것이 있다는 것을 생각해내자.

• 얼터너티브를 만든다

하나의 안이 마치 최적의 안인 것처럼 생각하기 때문에 아이디어가 나오지 않게 된다. 125페이지에서 소개한 것처럼 얼터너티브를 만들자. 여러 개의 안을 내놓고 비교 검토하는 중에 하고 싶은 것이 보이게 된다.

• 멘토나 친구와 이야기를 주고받는다

편안하게 설계안을 생각하는 데에는 다른 사람과 이야기하면서 생각하는 방법도 효과적이다. 친구는 졸업설계의 라이벌이기도 하지만 같은 문제를 안고 있는 동료이기도 하다. 졸업설계의 테마나 문제 설정에 관해서 서로 이야기를 주고받아 보자. 대화가 무르익으면, 아, 하는 사이에 테마 설정도 가능할지 모른다. 대화하는 상대는 멘토라도 좋다. 교수님의 중간확인도 꺼려하지 말고 의논하면서 생각하는 장으로 재편성하자.

• 그림이나 다이어그램으로 생각한다

테마나 문제 설정이 어느 정도 확고해지면 그것을 그림이나 다이어그램으로 만들어보자. 건축은 실체이고 공간을 수반한다. 시간 내에 훌륭한 테마 설정이나 문제 설정을 할 수는 있어도 실제 건축에서는 하기 어려운 것도 있을 것이다. 다이어그램화는 테마나 문제 설정의 최초의 가시화=비주얼라이즈이다. 이것을 자연스럽게 할 수 있을 경우 건축화시키는 것도 가능한 경우가 많다. 여기까지 오면 테마, 문제 설정 그리고 콘셉트가 명확해진다.

48) 목재회관에서의 문제 설정

목재회관의 설계에 있어서는, 메이지유신 이후의 서구화되던 중 목조건축이 불에 타기 쉬운 위험한 건축이라고 인식한 일본은 목조건축의 긴 역사를 가지면서도 도시부에서 대형 목조건축을 구축해버렸다는 문제의식이 있었다.

이러한 의식하에 '정말로 목재 건축은 타기 쉽고 위험한데 도심에 구축되어야 하는 것이었을까'라는 문제 설정을 했을 때, 충분한 두께를 가지고 사용하면 목재는 타기 어려우며, 또한 화재 시에 위험한 것은 오히려 연기이므로 연기에 대한 대처가 확실하게 되어 있으면 목재를 사용한 건축도 안전하다는 관점이 생겨 '도시건축에 있어서 목재의 복권'이라는 테마로도 연결되어 있었다.

- 모형으로 생각한다

모형이 특기라면 모형으로 생각한다. 자신의 특기인 연구방법은 철저히 사용하자. 언어로 할 수 없는 콘셉트는 먼저 형태나 공간으로 옮겨 놓고 다시 그것을 언어로 되돌려 정리해서 콘셉트화해 나가면 된다. 여기까지 이르게 되면 건축적인 아이디어로 졸업설계의 윤곽이 보이기 시작할 것이다.

- 모델링으로 생각하자

테마나 문제 설정에 대해서 자신이 세운 콘셉트나 다이어그램에 뭔가 허전함을 느낄 때가 있는데, 이때 모델링을 이용할 차례이다. 자신이 존경하는 건축가 입장에서, 만약 그라면 이 문제를 어떻게 파악해서 어떻게 건축화해 나갈까를 '건축가가 되어' 생각해보자. 자신의 굳어진 생각에서 빠져나올 기회가 될지도 모른다.

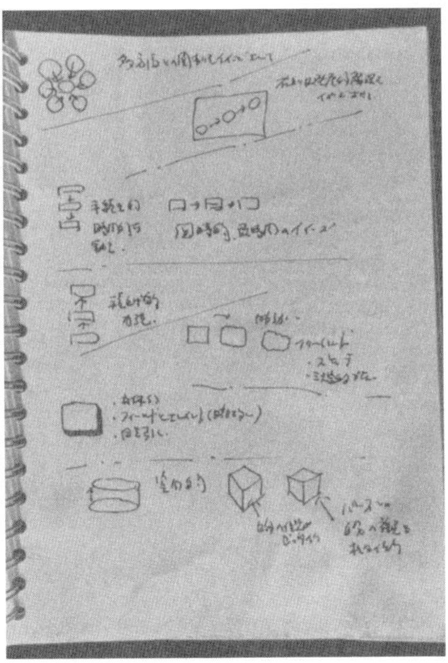

목적에 가장 적합한 실의 연결을 다이어그램으로 검토한 것.

• 유사시설로 생각하자

설계는 자칫하면 탁상공론에 빠지기 쉽다. 자신의 생각이 헛돌기 시작했다고 생각했을 때에는 설계하려는 유사시설에 스케치북을 가지고 나가보자. 그리고 건물만이 아닌, 그곳에 오가는 사람의 행동도 관찰해보자. 관찰에서 얻을 수 있는 시선은 혼자서 골똘히 생각하고 있는 시선과는 완전히 다른 경험적인 그것을 제공해줄 것이다.

② 일정표 관리력

• 한 권의 일정표 북에 기록을 적는다

일정 관리의 가장 첫 단계는 기록을 하는 것이라고 나는 생각하고 있다. 우선은 스케치북이나 노트라도 좋다. 졸업설계의 과정을 기록하는 노트를 만든다. 스케치도, 일기도, 아이디어를 이 한 권의 노트에 기록해둔다. 비슷한 아이디어로 돌아오기 시작하면, 페이지를 넘겨 왜 그 아이디어를 버린 것인지에 대해 확인하는 것만으로도 무의미한 머뭇거림은 줄어들 것이다.

• 일정표를 만든다

스케치북의 첫 부분에는 우선 졸업설계 시작부터 완료까지의 일정표를 만들어 붙여본다. 상세한 것은 필요 없다. 최종제출물＝아웃풋(output)을 설정하여, 적어도 언제까지 아이디어를 확고하게 하지 않으면 제출물의 작성이 불가능하게 되는가가 일정표 설정이 될 것이다.

• 아웃풋을 결정한다

최종제출물＝아웃풋을 살피는 것은 일정표를 짜는 데 있어 중요한 요소이다. 우선은 필요한 도면의 리스트 업(list up), 모형이나 CG 작성의 유무, 콘셉트 등 그 외의 제출물을 결정해서 리스트 업한다. 스케치북의 일정표 페이지에 일람표 형식으로 작성하여 각각의 아웃풋으로 표현해야 하는 내용을 써보자. 지금까지의 과제 제출 경험을 통해 이러한 아웃풋의 제작에는 며칠 정도의 시간과 인력을 요하는가를 상정해서 일정표에 피드백한다.

- **팀 편성을 생각한다**

아웃풋의 개략이 상정되면 그것을 작성하기 위해 필요한 인재를 상정한다. 대부분의 경우 인재의 수가 먼저 결정되어 있을지도 모르기 때문에 목표의 인재와 아웃풋, 그리고 일정표를 꿰뚫어보고 상호 조정해서 졸업설계를 위한 팀 편성과 아웃풋 제작일정을 확고하게 한다.

- **마일드스톤[49)]을 설정한다**

일정이 확고해지면 테마 · 문제 설정의 검토, 테마 · 문제 설정의 엄선, 콘셉트의 제안, 조사, 스케치의 작성 등 졸업설계상의 대략적인 기준＝마일드스톤 일정표 안에서 정해보자. 전체를 관찰하여 실행 가능한 것을 확인할 수 있다면 마스터 일정표(Master Schedule)가 완성된 것이다.

호키 메디컬 본사 빌딩
(도쿄도 미나토 구)의 내부

• 일정표를 짤 때는 가볍게, 하지만 엄수한다

하지만 중요한 것은 치밀한 일정표의 설정이 아닌 졸업설계 자체의 질이다. 일정표의 설정에 시간을 너무 빼앗기는 것은 완전히 주객이 전도되는 것이다. 일정표는 가볍게 짠 상태로 놔두자.

한편, 한번 결정된 일정표는 명확하게 갖추어지지 않았거나 무리가 없는 한 철저하게 지켜 나가자. 필요에 의해 개량하는 것이나 상세를 정해 나가는 것도 중요하지만, 간단하게 변경하면 전혀 의미를 만들어내지 못하게 되고 만다.

③ 통솔력

• 자신이 있으면 강인하게 이끈다

선천적으로 리더십을 발휘할 수 있는 사람, 사람을 끌어당기는 매력을 가진 사람은 확실히 있다. 자신이 그런 사람이라는 자신이 있다면, 여느 때처럼 후배를 강하게 이끌어 졸업설계를 힘차게 진행해 나가자.

• 함께 생각한다

리더십에 자신이 없으면 함께 팀을 짜고 있는 사람의 능력을 최대한 살리도록 하자. 타인의 능력을 살펴 상대를 존중하는 것이 기본이다. 졸업설계의 아이디어부터 서로 이야기를 나눠가며 함께 생각해도 좋을 것이다.

물론 자신이 얻는 것이 있는 것과 마찬가지로 팀 멤버에게도 졸업설계를 통해 무언가 얻는 것이 없으면 안 된다. 상부상조하며 서로 의지하여 진행해 나가는 것이 기본이다.

49) milestone(마일드스톤)
길잡이, 단락이라는 의미. 프로젝트에 있어서는 중간보고일이나 검사일 등 체크 포인트를 가리킨다.

• 지원을 받는다

결국, 통솔력은 '지원을 받는다'라는 것일 것이다. 자! 졸업설계를 한다면 '우리가 ○○선배의 졸업설계를 도와주자'라는 후배가 여기저기에서 모여, 본인은 후배들의 지원을 받아가며 졸업설계가 진행되어 가는 형식이다.

역시 졸업설계 시에 지원받을 수 있을 정도로 카리스마를 발하기가 쉽지 않지만, 그 극히 작은 부분을 느끼게 해주는 인재는 이따금 보인다. 아마 거장이라고 불리고 있는 건축가 중 적잖은 이들이 이 능력을 몸에 익히고 있을 것이다.

• 상대편의 호의에 기댄다

또 하나의 궁극의 카리스마성은 '상대편의 호의에 기댄다'라는 행위다. 이것은 여성만의 특권은 아니다. 나의 후배 중에도 왠지 동료나 후배에게 사랑받아 '○○○가 힘든 것 같으니까 모두 도우러 갈까'라고 사람의 마음을 자연스럽게 움직이게 하는 이가 있다. 미워할 수 없는 타입인 것이다. 어쩌면 시대의 새로운 통솔력의 형태일지도 모른다.

제 ④ 장

실무에서 건축을 만든다

목재회관(도쿄)
야마나시 토모히코+가츠야 다케유키(닛켄설계)

'과제'와 '실무'의 차이

이 장에서는 학생시절의 과제와 실무에서의 프로젝트의 차이에 관해서 이야기하려 한다.

첫 번째 차이는 '클라이언트'의 존재일 것이다. 학교의 과제에서는 디자인을 의뢰하고 돈을 지불하는 클라이언트는 존재하지 않으나, 실무에 있어서 클라이언트는 강력한 힘을 가지고 우리 앞에 존재한다. 그들로부터의 의뢰가 설계의 출발이 된다는 점이 우선 큰 차이다.

다음은 '시공자'다. 실무에서는 설계의도를 시공자에게 전달해 실제로 건축을 하게 하지 않으면 완성되지 않는다. 과제와는 달라 혼자서는 완결할 수 없는 것이다. 그리고 '법규'와 '비용'이라는 제한이 있다. 이들도 과제에서는 존재하지 않지만 실무의 프로젝트에서는 큰 존재다. 실무에서 건축을 하기 위해서는 이들도 평소에 고려해 나갈 필요가 있다.

노무라공예사 빌딩(도쿄 미나토 구)

클라이언트
건축의 세계에서 클라이언트라고 할 때에는 건물의 설계를 의뢰하는 건물의 오너=건축주가 될 사람 혹은 법인을 의미한다. 주택의 경우는 개인이 많지만, 오피스빌딩 등 대형 건축에서는 회사 등의 법인이 클라이언트가 되는 경우가 많다.

Section 4-1

실무에 있어서 도면의 구성

건축의도를 설명하는 것만이 아니라 계약서로서의 의미도 크다.

학교의 설계연습 과제에서 도면의 목적은 스스로의 설계의도를 전달하는 수단으로서의 의미가 컸다. 실무에서도 물론 마찬가지의 역할을 한다. 하지만 그 이상으로 실무에 있어서의 도면은 계약서로서의 역할도 크다.

예를 들면 클라이언트와 설계자 사이에는 '설계감리업무'의 계약을 주고받는다. 이 계약을 기초로 기본설계서나 실시설계도서가 만들어진다. 클라이언트와 설계자만의 관계를 보면 이들 설계도는 확실히 설계의도를 전달하는 역할이 크다. 하지만 실시설계도서는 클라이언트가 시공자와 '공사도급의 관계'를 맺을 때에 가장 중요한 계약서류가 되는 것이다.

즉, 건축을 시작할 때 설계도는 클라이언트, 설계자, 시공자의 3자가 존재하는 관계에서 계약서류로서 자리 잡아 가고 있다. 매우 책임이 무거운 서류라는 것을 우선 자각하지 않으면 안 된다.

실무에 있어서의 4가지 도면

도면의 작성 자체는 본서 내에서 이미 접한 항목이다. 여기서는 그것을 다시 복습하자. 설계의 실무에서는 대개 시계열에 따라 아래와 같은 명칭의 도면을 작성한다.

► **기본계획도**

건축의 초기 구상을 정리한 도면. 작성하지 않는 경우도 있다.

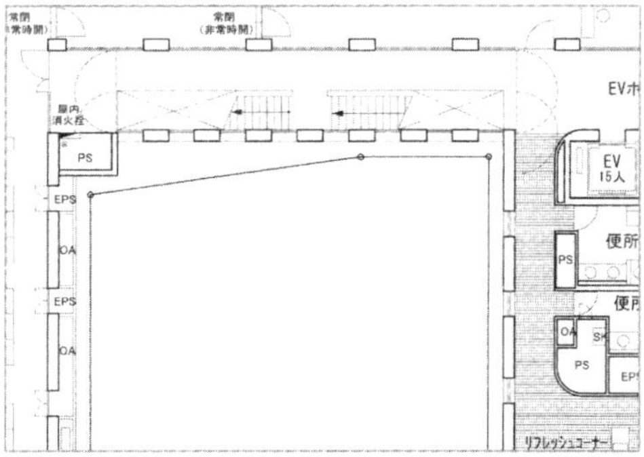

► **기본설계도**

건축디자인의 기본적인 골격을 설명하는 도면. 학교에서의 과제는 대체로 이 수준의 도면을 그리고 있다고 생각하면 된다(본서 131페이지를 참조). 건축설계 이외에 구조설계나 설비설계는 이 단계에서는 도면이 아닌 성능이나 개념을 문장이나 그림으로 나타낸 것을 사용하는 경우가 많다.

설계의도를 전달하기 위해 본서 119페이지에서 해설한 콘셉트 등을 그림과 문장으로 해설하는 페이지를 추가하는 것이 보통이다. 또한 사업상 필요한 면적표, 개산 공사비의 자료 등도 첨부된다.

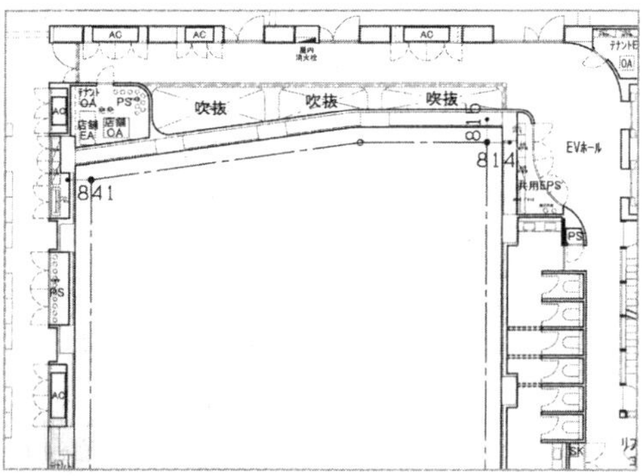

► **실시설계도**

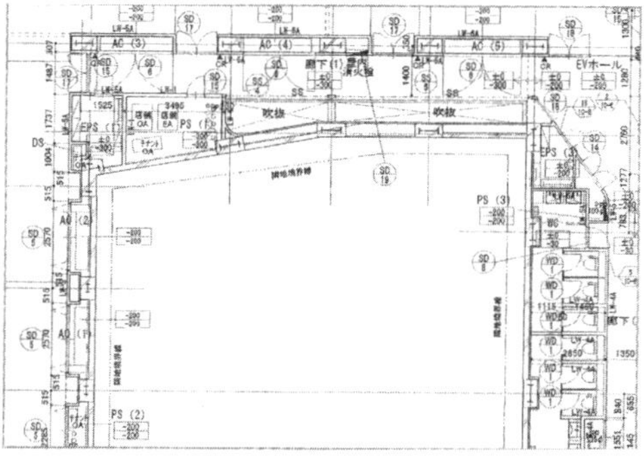

시공자와의 계약을 위해 작성하는 도면으로 설계의도와 함께 건축 각부의 성능 등 상세한 정보를 기재한 도면이다. 도면은 복잡다양하지만 그 상세한 내용은 본서 138페이지에 소개한 대로이다. 일본의 건축산업 관습상 실시설계도는 그대로 짓기 위한 도면이 아닌, 오히려 설계의도를 시공자에게 전달하는 계약서로서의 의미가 더 크다. 따라서 실제 시공에 임해서는 더욱더 현장여건을 고려한 시공도가 그려지게 된다.

► **인허가 신청도서**

건축기준법 규정에 의해 건축물은 착공 이전에 건축인허가 신청서를 작성해서 허가를 득한 후 시공을 개시할 수 있다. 이를 위해 작성하는 것이 인허가신청서이다.
건축디자인의 프로에게 실시설계도와 함께 나란히 법적인 책임이 주어지는 매우 중요한 도면이다.

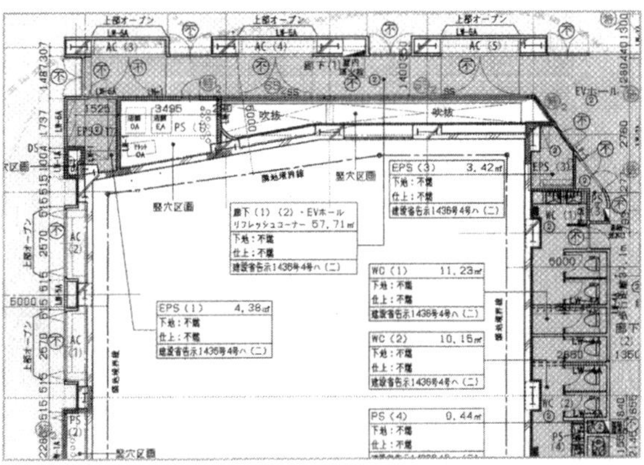

Section 4-2

실무를 위한 현지조사

프로의 업무에서 법적인 오차는 용납될 수 없다.

학생 때의 현지조사도, 프로가 되고 나서의 그것도 원칙은 같다. 따라서 본서 95페이지에 기재한 항목이 조사의 기초가 된다.

한편, 프로로서 일을 한다는 것은 당신이 건축사 자격을 소지하고 있는가 아닌가라는 문제와는 별도로, 클라이언트는 당신이 소속되어 있는 설계사무소에 건축가로서 법적인 책임을 요구하고 있다고 파악하지 않으면 안 된다. 디자인적인 측면은 물론이고 프로로서 일을 하고 있는 이상, 법적인 오차는 용납될 수 없는 것이다.

따라서 현지조사에 있어서도 법적으로 필요한 사항을 빠뜨리지 않도록 확인하고, 필요에 따라 관계관청과 미리 상담하여 부지가 가진 법적인 제약을 정확하게 파악할 필요가 있다.

그런데 예상 외로 '부지 자체가 확정되어 있지 않은[50)]' 경우가 흔히 있다. 도심의 복잡하게 얽혀 있는 토지에서의 확정은 곤란한 경우도 있기 때문에 주의가 필요하다.

50) 부지가 확정되지 않음
토지는 지적도에 그 형태가 확정되어 있겠지만 실제 토지의 경계선과는 다른 경우가 있어 그 차이가 많은 문제를 일으키는 경우가 많다. 민간끼리의 구분만 나열해 도로 등의 공공용지와의 경계조차 애매한 경우가 가끔 있다. 토지의 소유경계가 명확히 되지 않는 한 건축계획이나 건축인허가 신청 시에 부지의 경계를 확인할 수 없다. 또 토지는 매우 고가의 재산이기 때문에 '경계 확정'을 위해 시간을 요할 때가 자주 있다.

현지조사의 중요한 요소

디벨로퍼 등 '부동산전문가'로부터 일을 위탁받는 경우에는 좀처럼 없는 일이지만 대기업에서 일반 클라이언트로부터 일을 의뢰받는 경우에 부지 자체가 법적으로 확실히 확정되어 있지 않은 경우가 있다.

이것이 불명확한 경우는 토지전문가인 측량사무소에 측량과 대지경계의 확정 상황의 확인을 의뢰하도록 클라이언트에게 부탁할 필요가 있다. 무언가 불안함을 느낀다면 선배에게 즉시 상담한다.

▸ 부지의 확정

부지도를 클라이언트에게 받아도 부지의 경계가 명확하게 확정되어 있지 않은 경우도 많다. 법적으로는 부지의 소유와 인허가 신청자가 달라도 허락되지만 대형 프로젝트 등에서 설계 등의 허가 신청을 하는 경우에는 부지가 경계 확정이 되어 있지 않은 것이 일반적이다.

현지로 가서 부지경계 주위에 경계를 명시하는 말뚝이 없는 경우에는 클라이언트에게 부지경계의 확정 상황에 관해서 듣고 그에 맞는 정보를 이해해 둘 필요가 있다.

▸ 도로, 인프라 등의 확인

부지를 보러 갔을 때 클라이언트가 보여준 부지도의 범위에 도로, 수로 같은 것이 있으면 주의해서 확인할 필요가 있다. 이것들이 정말 도로나 수로인 경우에는 이들을 개폐하지 않는 한 부지가 확정되지 않는다. 부지가 확정되지 않으면 인허가 신청을 제출할 수 없기 때문에 프로젝트 자체가 성립되지 않는다. 또한 부지에 흔적이 없어도 지적상에는 도로나 수로가 존재하는 번거로운 경우도 있다.

부지의 확정 상황을 포함해 이러한 부지에 관계되는 사항을 사전에 명확하게 해두기 위해서는 측량사무소가 제작한 부지도를 클라이언트로부터 받는 것이 중요하다.

대형 프로젝트에서는 부지측량을 한 측량사무소에 (클라이언트를 통해서)의뢰해서 부지가 법적으로 확정되어 있는가의 확인이나 부지현황의 고저차, 주변의 도로폭, 상하수도 등의 인프라의 위치 등도 부지도에 같이 기재해 주는 경우도 많다.

일정표의 의미

실무에서는 항상 마감기한이 있다.

프로로서의 일을 하게 되면서부터 일정표는 한층 더 중요해진다. 왜냐하면 프로의 일터에서는 하나의 프로젝트에 여러 사람이 관계되어 있기 때문에 자신의 일정 지연이 관계자 전체에 영향을 주게 되기 때문이다.

클라이언트가 있으면 설계자가 있다. 이것이 최소한의 구성이다. 보통은 이것에 하도급 관계자가 더해진다. 대형설계사무소나 제네콘의 설계부 등 설계작업을 단일 기업에서 실행한다면 다르겠지만, 보통은 설계작업도 협력사무소와의 공동작업이다. 또한 투시도나 CG 모형의 작성을 제 삼자에게 의뢰하는 경우도 있을 것이다.

그래서 프로로서의 건축디자인 업무에는 보통 마감기한이 설정되어 있고, 그것은 계약서에도 명기되어 있기 때문에 작업의 지연은 곧 법적인 책임을 묻는 것에 직결된다.

특히 설계기간에 일정표 구상과 그 관리는 프로 건축가인 건축설계자가 책임지는 것이 일본의 관습이 되고 있다. 프로젝트가 시작되면 건축디자이너가 가장 처음 해야만 하는 일은 일정표 작성이라고 말해도 과언이 아니다.

일정표에는 '누가', '언제', '무엇을 해야만 하나'가 최소한 표기되어 있지 않으면 안 된다.

보통은 '언제'를 나타내는 시간축을 가로축에 두고 월 단위 혹은 주 단위의 눈금을 긋는다.

세로축은 크게 '클라이언트', '설계자', '신청', '시공' 등의 작업을 큰 항목으로 나누고, 또 '기본계획', '기본설계', '실시설계' 등의 소항목으로 분리한다.

다음에는 '기본계획서 제출 · 승인', '기본설계서 제출 · 승인', '실시설계서 제출 · 승인', '인허가 신청 제출', '견적 의뢰', '계약', '착공', '준공' 등 일정표를 세우는 데 있어서 핵심이 되는 마일드스톤(milestone)을 기재한다.

마지막으로 가장 중요한 것은, 이들 여러 관계 중에서 전체의 일정표를 확정하고 있는 요인의 연계='크리티컬 패스[51)]'를 보여주는 것이다. 이 크리티컬 패스에 지연이 생기지 않도록 전체를 매니지먼트하는 것으로 프로젝트를 원활하게 진행시키는 것도 프로 건축가의 중요한 일이다.

51) 크리티컬 패스
개시부터 종료까지를 잇는 일련의 작업 속에서 전체의 기간을 결정짓는 경로이다. 이전 작업이 끝나지 않으면 다음 작업이 진행되지 않는 관계로 연결되어 있는 전체의 일정표를 결정하는 중요한 흐름을 가리킨다.

어느 프로젝트의 일정표 사례

○○ 부동산 / (가칭) ○○ 마치 3–3계획 전체 일정표 검토자료

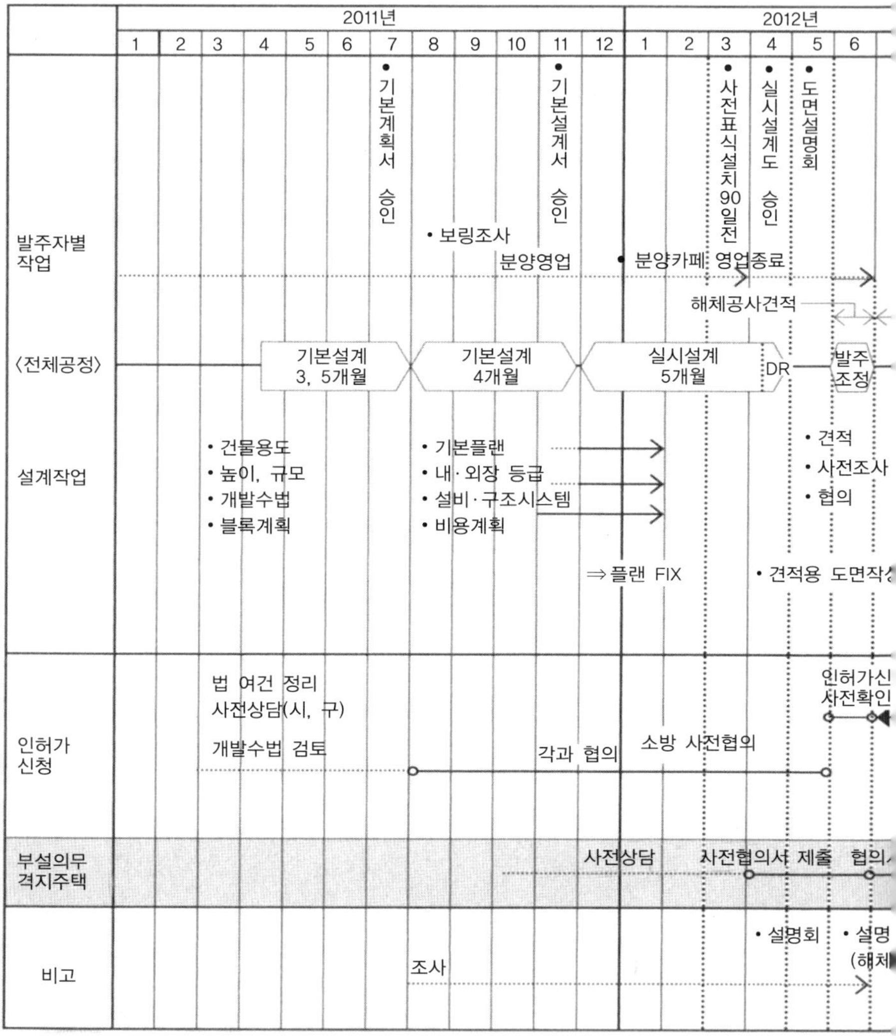

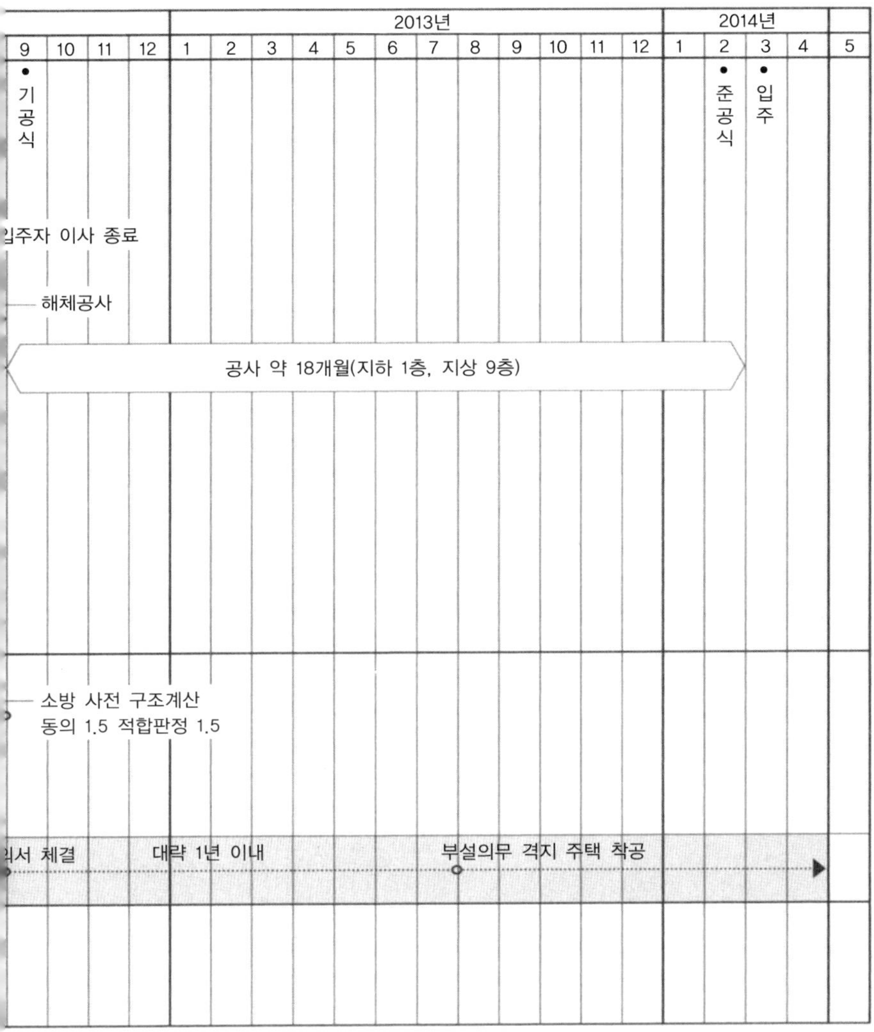
2013년
2014년
9
10
11
12
1
2
3
4
5
6
7
8
9
10
11
12
1
2
3
4
5
기공식
준공식
입주
입주자 이사 종료
해체공사
공사 약 18개월(지하 1층, 지상 9층)
소방 사전 동의 1.5
구조계산 적합판정 1.5
서 체결
대략 1년 이내
부설의무 격지 주택 착공

Section 4-4

가시화, 비주얼라이즈, 시뮬레이션

앞으로 중요한 것은, 보이지 않는 것을 보이게 하는 기술

건축디자인 업무의 기본은 기능이나 클라이언트로부터의 요구 그리고 스스로의 이념을 형태적으로 보이게 하는 것이다. 따라서 '가시화'라든가 '비주얼라이즈(visualize)'라고 불리고 있는 것을 보이도록 한다는 사고방식은 건축디자인의 영역에서도 매우 큰 의미가 있다.

건축디자인 업무 중에서 비주얼라이즈를 나는 크게 3가지로 나눠서 파악하고 있다(88페이지 참조).

1. 머지않아 보게 될 것을 미리 앞당겨 가시화한다.
2. 보기 어려운 것을 가시화한다.
3. 실제로는 눈에 보이지 않는 것을 가시화한다.

지금 현재 눈에 보이지 않는 것을 보이도록 하는 것의 의미는 크고, 이들 3개는 어느 것이든 디자인을 진행해 나가는 데 있어 큰 힘이 된다.

이 중에서도 특히 3번째의 비주얼라이즈는 건축디자인 중에서 차지하는 위치를 빠른 속도로 확대하고 있다.

여기서 말하는 시뮬레이션이란 컴퓨터를 사용해서 눈으로는 결코 볼 수 없는 건물이나 그 주변의 바람의 흐름, 자연광의 변화, 그리고 이들이 모여 다시 발생시키는 온도변화 등을 비주얼라이즈하는 것으로, 건축의 디자인 행위에서 이들의 영향을 파악하는 일련의 작업을 가리키고 있다.

예를 들면 바람이 컴퓨터에 의해 비주얼라이즈 할 수 있으면 건축계획의 변화에 의해 바람의 흐름이 어느 정도로 변화할지를 시뮬레이션하고 계획에 반영시키는 것이 가능하다. 왠지 '바람의 흐름이 좋을 것 같다'라는 확실치 않은 판단과 시뮬레이션을 사용한, '이렇게 하면 바람의 흐름이 좋다'라는 디자인과는 결과가 크게 다를 것이다.

건축 시뮬레이션의 대부분은 컴퓨터상에서의 3차원 가상공간 속에서 실행하고 있기 때문에 145페이지에서 소개한 3차원 설계인 BIM은 여기서도 큰 효과를 발휘하게 된다.

풍속 시뮬레이션

CFD(Computational Fluid Dynamics 컴퓨터 유체해석)를 사용하면 건물 주변에 어느 정도의 속도로 바람이 흐르는가를 시뮬레이션하는 것이 가능하다.

아래 그림은 호키미술관 설계 시 주변에 흐르는 바람의 모양을 시뮬레이션화한 것이다. 결과는 색을 입힌 것❶ 콘타도(같은 풍속인 영역을 같은 색으로 칠한 그림)에서 표시하고 있다.

이 시뮬레이션에서 주변의 풍속을 상승시키지 않기 위해서는 건물의 형상을 부드럽게 원호(圓弧)화하는 것이 효과적이라는 것이 확인되었다. 또한 건물의 볼륨 상호간을 잘라 놓을 경우 공기가 효과적으로 흐르는 것이❷ 확인되었다(중정의 수목을 기르기 위해 공기의 흐름이 필요했다).

이런 것이 호키미술관의 최종적인 형태(❸, ❹) 결정을 하는 데 있어 결정적인 요소가 되었다(협력 Autodesk社, 3DI, 주식회사 환경 시뮬레이션).

❶

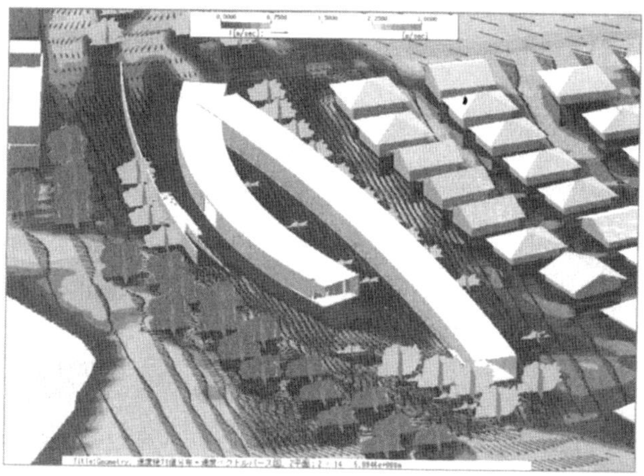

2

3

4

Section 4-5

학교에서는 가르쳐주지 않는 방화구획, 방연구획, 구획도의 의미

실무에서는 방화, 방연구획을 의식하지 않으면 안 된다.

설계사무소에 입사해서 실시설계를 하게 되었을 때 당황하는 것 중 하나가 '방화구획'이나 '방연구획'을 기재하는 '구획도'의 개념이다.

이 구획을 정리할 수 없는 한 각부의 벽의 성능이 결정되지 않고는 실시설계가 진행될 수 없고, 구획도를 만들 수 없으면 인허가 신청을 제출할 수 없다. 그 정도로 기본적인 개념인데도 학교에서는 가르쳐주지 않고 접해보지도 못한다.

방화·방연구획은 화재 시에 건물 내부에 있는 사람들이 안전하게 피난할 수 있게 화재나 연기가 퍼지지 않도록 건축기준법에 의해 규정된 개념이다.

적당한 참고서가 없기 때문에 보통은 선배가 만든 구획도(인허가 신청도서)와 법령집을 보면서 구획 검토를 하고 경험적으로 구획계획의 골자를 익힌다. 여기서는 그 아웃트라인을 이야기하려 한다.

1. 방화구획의 개념

건축기준법 시행령 112조(국내 : 건축법시행령 제46조 참조)에 규정된 것으로, 화재가 퍼지는 것을 멈추게 하기 위해 방화성능을 가진 바닥, 벽, 가구 등으로 구획을 짓는 것을 가리킨다.

방화구획은 크게 다음 3가지로 구분할 수 있다.

① 면적구획 : 일정 면적마다 방화구획을 취함으로써 건물을 안전하게 하기 위한 규칙.

② 코어구획 : 세로로 연결되는 계단이나 엘리베이터 샤프트 등은 화재가 건물로 확대되기 위한 약점이 될 수도 있기 때문에 수직코어 방화구획을 취하자는 규칙.

③ 이종용도의 구획 : 예를 들면 주차장과 사무소 등 용도가 다른 부분은 화재 시에 안전성이나 갖춰야 할 성능도 다르기 때문에 안전성의 시점에서 방화구획을 취해 각각 다른 성능을 가진 것은 이격시켜 놓자라는 규칙.

방화구획과 방연구획의 구획 예

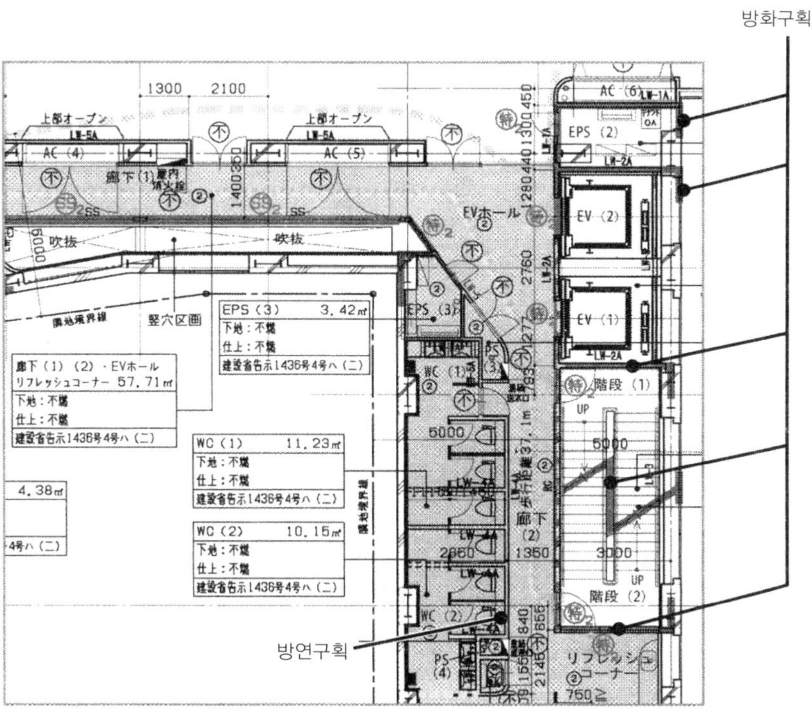

2. 방연구획의 개념

건축기준법 시행령 126조(국내 : 건축물의 설비기준 등에 관한 규칙 제14조 참조)에 의해 정해져 있는 '배연설비의 설치, 구조'를 근거로 규정된 것으로, 화재 시에 발생하는 연기가 어느 정도 퍼졌을 때 더 이상 퍼지지 않게 하기 위해 방연벽이나 방연을 목적으로 늘어뜨린 벽(연기는 위로 올라가기 때문에 아래로 늘어뜨린 벽도 구획이 될 수 있다.) 등으로 구획하는 것을 가리킨다.

보통의 규정으로 설계하는 경우에는 500m^2마다 방연구획이 필요하고, 대형 건물 등의 경우에는 구획이 설계의 실태와는 맞지 않은 형태로 발생하였다.

현재는 건축기준법이 변경되어 성능규정에 의해 설계하는 것이 가능하게 되었다. 피난안전검증법을 적용해서 성능이 검증된 경우에는 500m^2를 초과해서 구획하는 것이 가능하다.

구획도의 작성에 있어서는 사무소 내에 있는 동종 시설의 구획도를 준비하고 그 구획도를 작성한 선배의 어드바이스를 받는 것이 기본이다.

복잡하지 않게 경험으로 개략을 배우는 경우가 대부분으로, 실무의 세계에서 명확한 이해를 근본으로 계획하고 있는 사람은 적다. 맨 처음 담당한 프로젝트에서 철저하게 공부해보는 것도 좋을 것이다.

Section 4-6

인허가 신청에 관해서

건축가가 설계행위에 앞서 행해야 할 법적 절차

정식으로는 '건축인허가 신청'이라고 하고 건축기준법의 제6조(국내 : 건축법 제11조 참조)에 기초한 신청행위이다. 클라이언트가 실제로 건물을 짓기 위해서는 (일정 규모 이상의 건물의 경우에는) 건축사 혹은 건축사사무소에 의뢰해서 이 신청을 하고 필증을 교부받지 않으면 안 된다. 즉, 프로 건축가의 중요한 업무의 하나인 것이다.

2005년에 일어난 내진구조계산 위조문제, 이른바 '아네하 사건' 이후 건축인허가 신청은 엄격하게 진행되고 있어 신청기간이 장기화되고 있다. 또한 신청 후의 변경도 어렵게 되어 있다. 건축사, 즉 우리 프로 건축가를 보는 사회의 시선이 매우 엄격하게 바뀌었다는 것의 증거다. 신청에 앞서서는 수정사항이 생기지 않도록 관계기관과의 진지한 사전협의가 필요하다.

1. 인허가 신청 순서

인허가 신청도 지역별로 조례가 다양하다. 이것을 돌파하기 위해서는 사전에 진지한 협의를 하는 것이 중요하다. 여기서는 인허가 신청을 할 때까지의 표준적인 순서를 정리해보았다.

① 사전협의

건축인허가 신청에 앞서 행정 각 부서와 필요한 사전협의를 완료해두는 것이 요구된다. 최근에는 권력을 돌려가며 행사하는 것을 막기 위해 협의가 필요한 각 관계 부서를 일람형식으로 보여주는 리스트를 제시해주는 행정청도 많다. 인허가 신청의 창구 부서에서 지도해주는 경우가 대부분이기 때문에 가장 처음 물어볼 수 있는 곳은 인허가 신청을 접수받는 창구가 될 것이다. 대부분의 경우 소방서나 관할 경찰과의 협의가 필요하다.

② 사전수속

사전협의와는 별도로 인허가 신청까지 여러 가지 수속을 해두는 것을 찾을 수 있는 사례가 많다. 대부분은 사무소 협의 중에 여러 수속이 지도된다.

③ 인허가 신청의 제출

예전에는 인허가 신청의 접수가 행정만으로 행해졌으나 지금은 민간 신청기관도 선택할 수 있다. 일반적으로는 민간신청기관 쪽이 신청기간이 짧게 해결되지만 신청비용이 비싸다고 한다. 사전에 정보를 모아 최적의 신청기관에 신청하자.

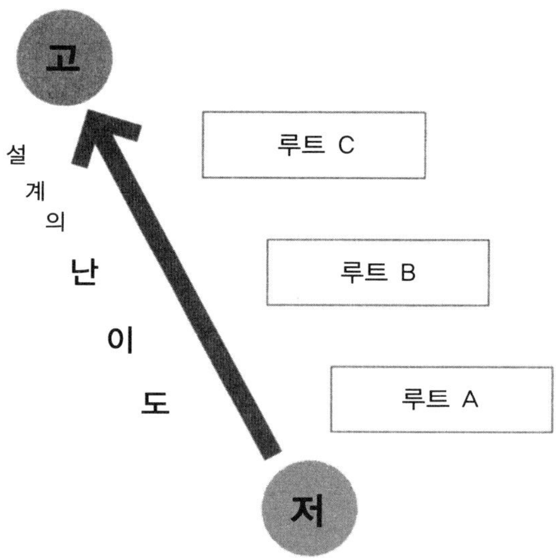

④ 루트 A~C

건축기준법의 성능규정화의 흐름을 이어받아 건축인허가 신청의 진행도는 크게 3가지로 나누고 있다.

건축기준법에 정해진 시방서 규정에 의한 신청은 '루트A'라고 불려 가장 일반적인 신청 루트이다.

이것에 대해 성능규정화의 흐름을 이어받아 피난안전검증법에 의해 기준법과 동등이상의 안전성이 있는 것을 계산으로 나타낸 신청을 행하는 것을 '루트B'라고 칭하고 있다.

또한 나라에서 정한 피난안전법 이외의 방법을 이용해서 기준법과 동등이상의 안전성을 보여 국토교통성의 확정을 받은 방법을 '루트C'라고 부르고 있다.

일반적으로 루트A에서 C로 향할수록 설계의 난이도는 올라간다.

Section 4-7

발주행위에 관해서

클라이언트가 시공자에게 공사를 발주하는 것을 도와준다.

건물을 짓는 것은 시공자이고 시공비를 지불하는 것은 클라이언트다. 하지만 프로 건축가의 업무가 '실시설계도까지 만들면 끝난다'는 것은 아니다. 클라이언트가 시공자를 선택하거나 최종적으로 계약을 체결할 때에 도움을 주는 것도 중요한 업무이다.

특히 중요한 것은 시공자를 정하는 단계다. 시공자를 정하는 데 있어서 보통은 여러 사람에게 이야기를 듣고 비교 검토해서 그중에서 가장 적당하다고 생각되는 시공자를 선정한다. 보통은 같은 조건의 도면을 주고 비교 검토하기 때문에 시공비를 가장 싸게 견적한 시공자에게 공사를 발주한다.

이 단계에서는 낮은 가격이면서 건전한 발주를 목적으로 한 여러 가지 시도를 하고 있다.

여기서는 그중에서 대표적인 발주형식을 소개한다. 발주형식은 '공사금액결정방식'과 '공사구분방식'의 2가지 요인으로 결정된다.

■ 발주공사금액의 결정방식에 의한 분류

• 경쟁입찰

국가 및 지방공공단체의 건축공사는 회계법에 의해 원칙적으로 경쟁입찰에 의해 결정하지 않으면 안 된다. 보통 실시설계도에 더해 이것을 기초로 작성한 설계서라고 불리는 서류를 다수의 시공자에게 제시해서 시공자는 공사금액을 입찰한다. 민간공사에서는 설계서의 제작에 시간과 비용이 드는 등의 이유로 경쟁입찰로 하는 경우가 적다.

• 견적맞춤

실시설계도를 다수의 시공자에게 제시해서 공사견적서의 제시를 요청하는 방식으로, 민간공사에서는 가장 일반적인 발주방식이다. 설계서의 준비가 불필요하기 때문에 견적에 필요한 시간과 비용의 단축이 가능하다. 보통은 최저가격의 시공자와 계약을 한다. 설계자는 견적내용이 적정한가를 확인할 필요가 있다.

• 수의계약

경쟁입찰이나 견적맞춤과 같은 경쟁은 하지 않고 한 회사만의 견적을 보고 계약하는 방식이다. 클라이언트와 시공자 사이에 장기간에 걸친 신뢰관계가 구축되어 있는 경우나 추가 공사 등의 경우에 많은 계약형식이다.

토우호우학원대학 ANNEX (도쿄 쵸후시)

■ **발주공사의 구분방식에 의한 분류**

① 일괄발주

건축공사, 설비공사를 분리하지 않고 한 회사(제네콘)에 발주하는 방식으로 민간 공사에 많다(34페이지 참조).

② 분리발주

건축공사나 설비공사를 분리해서 각각 별도의 시공자에게 발주하는 방식으로 관청공사에서는 일반적이다(35페이지 참조).

③ 코스트 온(cost on)

어떠한 방법으로 서브콘과는 공사금액을 결정해두고 거기에 경비를 가산하는 방식으로 제네콘과 일괄해서 공사계약을 체결하는 방식이다. 공사발주량이 많은 디벨로퍼[52] 등에 많은 형식이다.

52) 디벨로퍼
대규모의 개발을 행하는 시행업자. 재개발사업, 대규모의 택지구성, 리조트 개발 등의 사업을 전담하는 단체, 기업이다.

Section 4–8

통합도, 시공도의 체크

감리단계에서는 통합도와 시공도의 체크가 중요하다.

시공단계에 들어가면 프로 건축가는 '감리업무'를 한다. 실시설계도에 나타난 의도를 통해 시공자가 건물을 지어 나가는 과정을 마지막까지 보고 확인하는 업무로 건축사법에도 있는 프로 건축가의 큰 업무이다. 감리업무는 광범위해서 제대로 설명하려면 책 한 권은 될 것이다. 여기에서는 감리업무 중 통합도와 시공도의 체크에 관해서 다루려 한다.

통합도는 설계 시에 여러 파트에서 그려진 건축도, 구조도, 설비도를 한 장의 도면에 그려 시공에서 도면 상호의 조정을 꾀하는 역할을 하게 된다.

시공도는 통합도에 의해 조정한 내용과 실시설계도를 바탕으로 그리는 개별 시공을 위한 도면이다. 양쪽 모두 시공자에 의해 그려진 도면이 설계의 의도나 실시설계도에 반하는 것이 없는가를 체크하는 것은 감리자, 즉 건축가의 일이다.

실시설계도, 통합도, 시공도를 보고 비교한다

실제로 3가지의 도면을 보고 비교하자.

► **실시설계도**

이것은 설계자가 그린 실시설계도(건축도)이다. 기본계획 이외의 정보는 그려져 있지 않다.

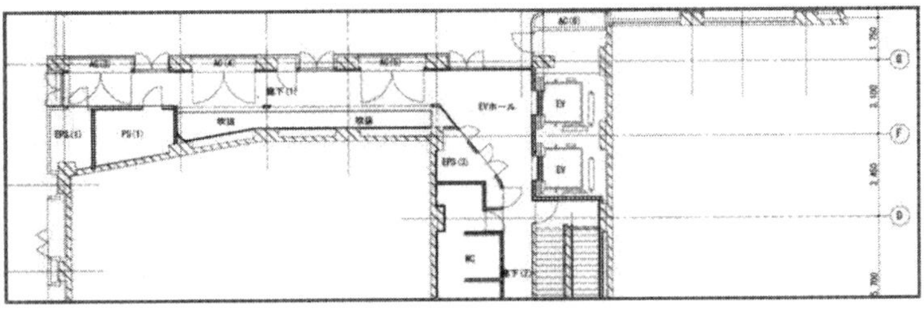

► **통합도**

시공자가 건축도를 기본으로 구조나 콘센트, 조명기구, 취출구 등을 하나의 도면에 그려 설계자와 시공자가 상호관계(간섭)를 조정하여 작업하는 기반이 된다.

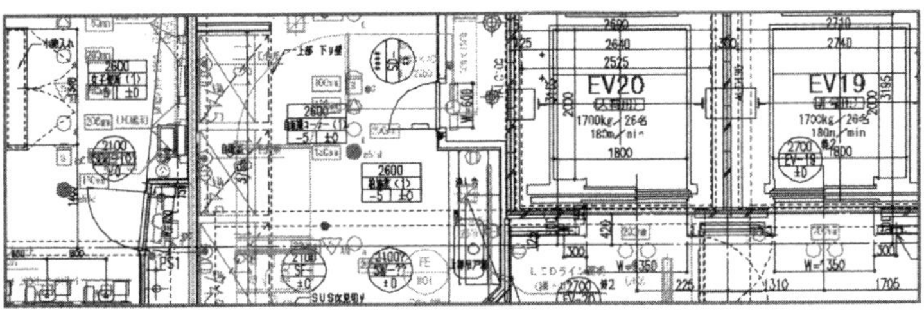

► **시공도**

콘크리트공사나 건물을 구성하는 부품의 제작을 위해 그리는 도면. 공정별 시공의 요점이 되는 도면이다.

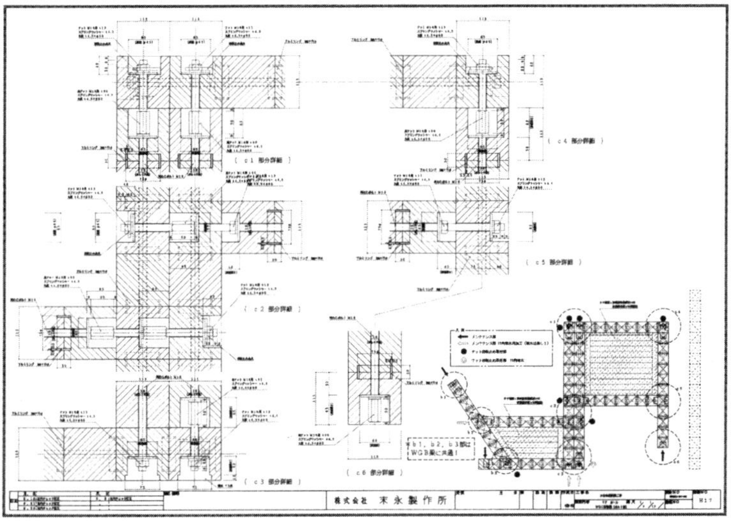

단, 이러한 도면이 모든 프로젝트마다 반드시 그려지는 것은 아니다. 실시설계도에 이러한 도면을 그리는 것을 시공상의 조건으로 기재할 필요가 있다.

Section 4-9

목업(mock up)을 확인한다

프로란, 만들어보지 않으면 모른다.

대형 프로젝트에서는 시공도면 검토를 대부분 끝마치는 시점에서 가능한 장소를 선택해 '목업'이라고 불리는 실물과 같은 모형을 만든다. 빌딩 건축의 외피부분 등 하나의 공사 중에서 반복되는 부분이나, 공사마다 특수한 디자인을 구현해야 하는 부분을 뽑아내서 하는 경우가 많다.

보통은 '외관'을 체크하기 위해 금속부분 등 제작시간이 걸리는 부분은 목재 등으로 만들고 실제 재료에 맞춰 색을 칠한다. 유리부분 등은 이미지를 좌우하는 것으로 실제 재료를 사용해서 만드는 경우가 대부분이다.

프로 건축가라고 해도 목업으로밖에 확인할 수 없는 것은 많이 있다. 또한 시공자에게 있어서도 도면으로 이해할 수 없는 시공상의 문제점을 깔끔하게 해결해주는 장점이 있다.

하지만 목업은 실물모형이기 때문에 고가이다. 학생이나 신인 건축가가 가볍게 손댈 수 있는 것이 아니다. 하지만 어쩔 수 없이 필요할 경우 어느 정도로 하면 좋은 것일까?

① 빠른 실물모형의 수법을 사용(유용)한다

두꺼운 스티렌 보드를 사용해서 실물 크기의 모형을 만드는 방법이다. 미국의 IDEO 등은 창고를 빌려 이 수법으로 실물의 내부를 통째로 만들어 설계를 검토하기도 한다.

이 수법이라면 자기들의 손으로 사무소의 한쪽 구석에 목업을 만드는 것도 가능하다. 치수를 대강 몸으로 느끼기 위해서는 꽤 유용한 방법이다.

② 디지털 목업의 수법을 사용한다

또 하나의 방법은 3차원 CAD를 이용하여 가상의 공간 속에서 디지털 목업을 작성하는 것이다. 현장에 들어가 시공도에 의해 결정된 정보를 기초로 3차원 CAD를 사용해 목업을 만들어본다. BIM에 의한 설계수법의 시공도판이라고 말해도 좋을 것이다. 우리들도 목업을 만드는 것이 어려운 경우 잘 활용하고 있는 수법이다.

이것은 어느 쪽이 더 좋다기보다는 실물모형은 대부분의 치수를 신체적으로 느끼기 위한 것이고, 디지털 목업은 보다 광범위한 것으로 비율(프로포션)이나 전체적인 밸런스에 중점을 두고 체크하는 것에 적합하다. 또 사실적인 목업은 그 중간적인 자리매김이 된다. 사실은 이 3가지를 잘 사용해서 설계하는 것이 가장 좋은 것일지도 모른다. 우리들도 지금 그런 방법을 모색하고 있는 중이다.

▲W 프로젝트에 사용하는 바이오스킨(Bioskin)의 목업

►어느 오피스빌딩의 외장 목업

제 5 장

건축을 알린다

월드 아키텍처 페스티벌(바르셀로나)에서의 진보쵸 시어터 빌딩의 프레젠테이션 장면

자신의 일을 세상에 알린다

교수나 친구, 사무소의 소장이나 선배는 평소부터 같은 언어로 건축을 이야기하고 있는 동료이다. 그래서 실무의 업무에서는 표현되고 있지 않은 것도 포함하여 무언(無言)으로 당신의 일을 호의적으로 받아들여 주고 있다.

하지만 건축이란 사회를 상대로 한 일이다. 과제나 졸업설계, 프로젝트에서 일단락 지으면 그 업무 자체나 자신이 그 속에서 구성해 나간 건축적인 이론이나 방법론을 사회를 향해서 알리는 것도 중요한 수행이다.

눈높이가 높아진 편집자나 독자를 거느리는 건축전문지가 그 대상 중 하나가 될 것이다. 최근에는 졸업설계를 학교의 범위를 넘어서 전국의 학생들과 어깨를 나란히 경쟁해볼 수 있는 기회도 있다. 콤페나 프로포셜은 보다 적극적인 형태로 업무를 세상에 알리는 기회이다.

여기서는 자신의 업무나 사고를 세상에 알리기 위해 건축을 알리는 방법을 생각해보자.

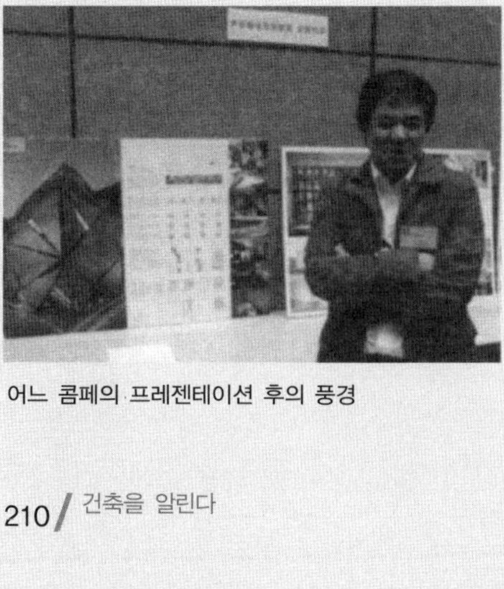

어느 콤페의 프레젠테이션 후의 풍경

프레젠테이션

반복되는 말이지만, 건축은 혼자서는 할 수 없다. 생각을 사람에게 전하는 능력은 건축가에게 있어 필수 불가결하지만, 사실 이것은 어렵다.

드로잉에서도, 말에서도 그것을 처음 보고 듣는 입장에서 바라보고 생각하고 있는 것이 맞게 전달될 수 있을지를 체크하는 것이 중요하다.

Section 5-1

프로젝트를 설명한다

사람 앞에서 설명하는 것은 세상에 건축을 물어보는 첫걸음이다.

몇 개의 대학에서 강의를 하다 보면, 강평회(講評會)나 중간검토 때마다 느끼는 것이 있다. 그것은 프레젠테이션 보드 자체는 깔끔하지만 설명을 제대로 하지 못하는 사람이 너무 많다는 사실이다. 말에 의한 프레젠테이션이 왠지 일본에서는 중요시되고 있지 않은 기분이 든다.

해외 거장 건축가들처럼 한순간에 달변의 프레젠테이션을 하거나 기교를 부릴 필요는 없다. 어쨌든 사람들 앞에서 프로젝트를 설명하는 기회를 만들어 나가는 것이 중요하다. 교내나 사내에서 과제발표의 기회가 오면 적극적으로 참가하며, 매번 꼼꼼하게 준비해서 임하자.

그래도 실패할 것이다. 왜 실패한 것일까? 그 질문을 반복하는 것이 자신이 가진 개성을 살린 프레젠테이션으로의 가까운 길일 것이라고 생각된다.

프로젝트를 설명하는 골자

프레젠테이션 초심자를 위한 프로젝트를 설명하는 골자를 몇 가지 소개하려 한다.

□설명할 요점을 짠다

'말하고 싶은 것'은 많이 있지만 전부 전달하려고 하는 것은 무리가 있다. 3가지 내지는 5가지로 압축한다. 우선 그것을 확실하게 전달한다.

□말하고 싶은 것부터 말한다

엄선한 설명의 요점 중에서 가장 말하고 싶은 것부터 이야기하자. 말할 기회를 놓칠 걱정은 없다. 시간이 부족하다는 걱정도 없다. 훌륭히 이야기하지 못했다면 한 번 더 설명해도 된다. 개요설명부터 시작할 필요는 없다.

□질의응답 시간도 자기가 가진 시간이다 라고 생각한다

이야기가 부족했다고 생각되는 경우에는 질의응답 시간 중 질문에 대답할 때 이야기하자. 질의응답 시간도 자기가 설명하기 위해 가지는 시간이라는 것을 생각하자.

□준비는 정성스럽게 하자

설명의 준비를 정성스럽게 하는 것은 초심자에게 있어서 중요하다. 준비를 많이 했는데 실패하는 경우는 없다(준비를 했다고 해서 반드시 성공하는 것은 아니지만 공부는 된다).

□대본을 준비해도 그대로 읽지 않는다

설명을 위해 대본을 정성스럽게 준비해도 좋다. 반복해서 읽어본다. 하지만 외울 수 없다고 해서 완전히 읽는 것은 안 된다. 프레젠테이션은 마음과 마음, 눈과 눈으로 설명하는 것이기 때문이다. 메모를 순간순간 봐도 된다. 하지만 절대로 읽으면 안 된다.

□해프닝도 즐긴다

설명은 즉흥연주다. 해프닝이 있는 것이야말로 재미있는 것이라고 생각하고 예상 외의 문제가 발생하면 웃고 즐기자.

□처음 10회는 실패하는 것이 당연하다.

프레젠테이션은 어렵다. 처음부터 훌륭하게 갈 수 없다. 뭔지 모르는 상태로 탄식하며 끝나는 것이 당연하다. 구체적으로 실패했던 부분이 머리에 떠오른다면 훌륭하게 해나가고 있다는 증거다.

□디지털 카메라의 비디오 모드로 촬영해두자

프레젠테이션이 잘되었다면 디지털 카메라로 자신의 프레젠테이션을 촬영해 두고 나중에 보도록 하자. 슬플 정도로 의미 불명의 자신을 보고 반성할 수 있다면 실력 상승이 빠를 것이다.

Section 5-2

문장에 생각을 모은다

쓰고 정리하는 것은 자기 자신이 할 수 있는 최고의 정리방법이다.

대단히 미안한 말이지만 숨김없이 이야기하겠다. 사실 나는 이렇게 책을 쓰면서 지금까지 신입사원이나 학생에게 아무렇지도 않게 이야기해 온 내용을 정리하고 있는 면이 있다. 또한 출판을 생각하면 지금까지 확인해오지 않았던 내용도 참고자료를 사용해 확인하지 않을 수 없다.

문장으로 생각을 정리하는 것은 자신이 할 수 있는 최고의 정리방법이다. 그리고 문장을 발표하면 반드시 반응이 되돌아온다. 겉치레 말이 아닌 구체적인 지적을 받는 경우에 칭찬받는 일은 좀처럼 드물며 비판이 대부분이다. 어려움에 빠지는 경우도 많다.

하지만 침체되어 있으면 안 된다. 인터넷상에서 전개되고 있는 아사다 아키타와 번역가 야마가타 히로오의 설전(舌戰)을 보면, 문장을 쓰는 이상, 반론 가능한 정도의 힘을 가진 의논의 전개가 필수조건인 것을 통감한다.

문장을 쓰고 발표해보자.

문장을 쓰고 발표를 하자

누구라도 문장을 써서 세상에 알릴 수 있는 기회는 있다.

블로그나 Twitter를 잘 다룬다.	인터넷상에는 스스로 마음이 내키면 문장은 얼마든지 발표할 장소가 있다. 알파 블로거로 데뷔의 기회로 삼은 건축가가 머지않아 출현할 것이다.
잡지, 신문 등에 투고한다.	아사히신문을 시작으로 일반 신문에도 독자의 투고란이 많이 있다. 건축잡지 『닛케이 아키텍처』 등은 '독자의 소리'의 란을 가지고 있다. 투고를 해보자. 단, 투고란을 가지고 있는 잡지만이 독자의 소리를 기다리고 있는 것은 아니다. 단편으로 날카로운 평론을 쓸 수 있다고 생각한다면 건축잡지의 편집장에게 보내보는 것도 좋을 것이다. 어느 잡지든지 젊고 살아있는 글을 쓸 사람을 찾을 것이다.
교내나 사내의 작품집에 참가한다.	최근에는 여러 회사나 학교에서 내부의 작품을 모은 모음집을 출판하고 있다. 대부분의 모음집이 해당 학년 것만 받고 있는 것 같지만 선배에게 부탁해 자신의 문장도 게재해보자.
프리페이퍼를 만든다.	후지무라 류지의 'round about journal'의 영향을 받았는지 '프리페이퍼를 만든다'는 학생의 모습이 요사이 많이 보인다. 쓰는 것 이상으로 에너지를 필요로 하는 작업이지만 얻는 것도 클 것이다. 경험이 없는 나로서는 잘 모르겠지만...
책을 출판해본다.	잡지나 출판물은 격감되고 있다고 하지만 Amazon 등의 판매루트나 DTP에 의한 인쇄비용의 하락 때문인지, 소수 출판물을 간행하는 기회는 반대로 늘어나고 있는 것으로 느껴진다. 나도 첫 잡지 기사나 출판은 모두 이쪽에서 기획을 반영하던 것이 편집자와 이야기를 하는 중에 형태가 변해 출판에 이른 것이었다.

Section 5-3

졸업설계를 세상에 알린다

학생시절의 모든 것을 정리해 세상에 알린다.

졸업설계는 프로 건축가를 목표로 하는 학생에게는 학창시절 최대의 이벤트다. 심혈을 기울여 담은 작품이 교내에서 평가되는 기회이기도 하지만 최근에는 학교라는 틀을 넘어 보다 폭넓게 졸업설계를 평가하는 여러 이벤트가 있다. 많은 것이 공개심사에서 최우수작을 고르는 형식으로 되어 있다. 졸업설계를 세상에 물어보고 싶다고 생각하고 있는 학생은 1학년부터 이런 이벤트를 경험해보는 것도 좋다.

공개심사는 사실 심사위원끼리 설전의 장소이기도 하다. 심사위원에게는 학생작품에 대해, 먼저 그것을 얼마나 적절히 이해하고, 어떤 이유로 이 작품을 가늠하고 있는지를 청중에게 납득시키는 힘이 요구된다. 공개심사란 이러한 심사위원의 역량을 다투는 장소이기도 하다는 것이다.

우수한 작품과 마찬가지로 심사위원의 논평에도 주의를 기울이자. 디자인의 힌트가 숨어 있다.

졸업설계를 세상에 알리는 기회

모든 출전 작품을 정리한 팸플릿이나 모음집이 출판되고 있다. 찾아보자.

졸업설계 일본제일 결정전	2003년 센다이에서 시작한 이 이벤트가 졸업설계를 공개심사방식으로 세상에 알리는 흐름을 만든 것은 사실이다. 500점 이상의 작품이 전국에서 모여 심사 회장에는 3,000명 이상의 학생이 모인다. 확실히 일본 제일의 졸업설계 이벤트이기도 하다.
학생설계 우수작품전 (레몬전)	디자인, 건축에서 탄탄한 재료상인 레몬(レモン)(오차노미즈)이 사무국이 되어 개최하고 있는 역사적인 졸업설계전. 최근에는 새로운 기획을 하고 있어 제32회에는 포트폴리오에 의한 콩쿠르를 기획하는 등, 앞으로도 눈을 뗄 수 없는 이벤트다.
도쿄 건축 컬렉션	대학원의 석사 설계를 모아 시행되는 공개심사형식의 이벤트로 2007년에 시작했다. 석사 설계만이 아니라 석사논문, 연구실에서 하고 있는 프로젝트의 전시를 병설하고 있는 것이 특징이다.
전국학생졸업설계 콩쿠르	일본건축가협회(JIA)가 주최하는 졸업설계의 콩쿠르로 공개심사를 하고 있다.
전국대학졸업설계 전시회	일본건축학회에서 개최되는 지부공통사업으로서 개최되는 전국 수십 개의 회장을 200개에 가까운 작품이 순회하는 형식의 전람회.
아카렌가졸업설계전	요코하마의 아카렌가 창고에서 개최되어 관동권에 있는 대학에서 졸업설계를 모아 공개심사를 하는 이벤트.
전국합동졸업설계전	2004년부터 시작된 전국을 대상으로 한 졸업설계 전시회. 유명 건축가에 의한 작품 강평도 있다. 학생이 주체가 되는 이벤트.
AA School 프로젝트리뷰	영국의 AA School이 매년 시행하는 작품 강평 전시회. AA의 학생작품만으로 하지만 세계의 건축디자인의 프로에게 있어서도 흥미있는 이벤트이다.

Section 5-4

콤페, 프로포셜로 이긴다... 그 첫 번째

아이디어 콤페는 젊은 건축가의 등용문이다.

학생이나 젊은 건축가를 대상으로 한 콤페에서 속칭 '아이디어 콤페'라고 불리는 것이 있다. 실제로 지을 건축의 아이디어를 모집하는 것이 아니라, 어디까지나 짓지 않는 (언빌드) 것을 전제로 건축적인 아이디어를 경쟁하는 것이다.

그러나 우승해도 실제 작품을 만드는 일로 이어지는 것은 아니기 때문에 프로 건축가가 참가하는 경우는 드물다. 하지만 콤페에서 우승한다는 명예를 얻으며, 또한 스스로의 아이디어가 세상에 통하는 수준인지를 알아보기 위해 많은 학생이나 젊은 건축가가 참가하고 격전이 되는 콤페도 적지 않다.

다음 페이지에서 전통 있는 아이디어 콤페의 예를 몇 가지 리스트 업 해 보았다. 나 자신도 진보쵸 시어터 빌딩의 계획안인 '칸다의 코메디극장과 영화관'이 SD Review에 입선해 작품뿐만 아니라 회사명, 개인이름까지 건축잡지에 명기되어, 그 후에 작품이 잡지에 실리게 되는 기회가 되었다.

진보쵸 시어터 빌딩(도쿄도 치요다 구)의 엔트런스 홀을 외부에서 본 모습

학생, 젊은 건축가를 대상으로 하는 콤페

어떤 기회로 연결될지 알 수 없다. 두려워하지 말고 계속 도전하자.

신건축주택설계경기	신건축사가 주최하는 세계 유수의 아이디어 콤페. 세계의 저명한 건축가들을 심사위원으로 하여 각국의 학생이나 젊은 건축가가 응모하는 콤페다. 명실 상부한 젊은 건축가의 등용문이 되고 있다.
센트럴 유리 국제건축설계경기	통칭 '유리콤페'라는 이름으로 알려져 있다. 40년 이상의 역사를 가진 아이디어 콤페, 유리 제조사인 센트럴 유리가 주최하고 있다.
일진공업건축설계경기	건축방수재료의 제조사인 일진공업이 주최하는 30회 이상의 역사를 가지고 계속하고 있는 아이디어 콤페.
JIA 도우카이 지부 설계 경기	일본건축가협회의 도우카이 지부가 주최하는 전통 있는 아이디어 콤페. 학생을 대상으로 한 부문과 일반을 대상으로 한 부문 2가지로 응모처가 나뉘어져 있다.

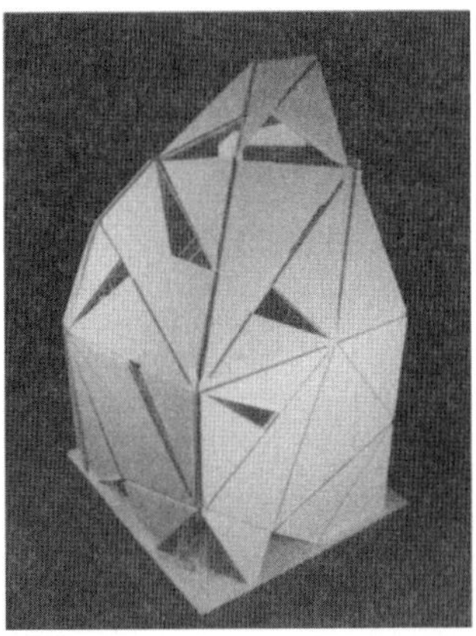

진보쵸 시어터 빌딩을 SD리뷰에서 발표할 때 만든 모형

SD리뷰	1982년에 건축가 마키 후미히코의 발안으로 시작된 전람회. 젊은 건축가의 등용문으로 인기가 있는 이벤트이지만, 다른 아이디어 콤페와는 약간 형식이 다르다. 우선 응모자는 실제 시공을 전제로 해서 설계한 자작품을 가지고 응모하는 것이 안건이다. 주최자 측은 그중에서 10점 정도의 작품을 입상작으로 선택하고 SD리뷰라는 같은 이름의 전시회에서 전시를 하는 형식. 테마는 주최자 측에서 결정하고 있지 않다. 실제 시공을 전제로 하면서도 완성 이전에 응모할 수 있는 미묘한 밸런스에서 많은 젊은 건축가가 모이는 인기 있는 이벤트가 되고 있다. 현재 활약하는 많은 건축가가 SD리뷰의 입상을 기회로 데뷔했거나 약진을 계속하고 있다.

이외에도 많은 아이디어 콤페가 있다. 66페이지에서 소개한 신건축이나 KENCHIKU의 웹사이트상에 있는 콤페 정보를 체크하자.

외장만이 아닌 내부까지도 만든다

Section 5-5

콤페, 프로포셜로 이긴다... 그 두 번째

국제 콤페는 참가해야만 즐길 수 있는 축제다.

1983년은 내가 졸업작품에 매달리기 시작한 해였다. 그해의 『건축문화 6월호』는 국제 콤페의 의미라는 것을 통감시켜주었다. 여기에는 이소자키 아라타에 의해 라빌레트 공원 콤페와 홍콩 피크의 콤페에 대해 심사현황이 해설되어 있었다.

홍콩의 피크에서 무명의 자하 하디드[53]가 승리함으로써 세계적인 건축가로 변모하는 데 성공하였다. 라빌레트 공원은 언빌드 건축가로서 조금 유명했던 베르나르 츄미[54]가 승리하여 실제 작품을 만드는 저명한 건축가로 변신하는 기회가 되었다.

하지만 보다 기억에 강하게 남아 있는 것은 2위를 한, 당시 일본에서는 그 정도로 유명하다고 말할 수 없었던 렘 콜하스의 충격적인 제안이었다. 이후의 콜하스의 승승장구와 건축계에서의 존재감은 알고 있는 대로이다.

자하, 츄미, 그리고 콜하스… 이들의 안을 이 시대에서 선택한 건축가의 용기와 식견에 놀라지 않을 수 없다.

콤페에 있어서 심사위원의 무게, 역량, 가능성이라는 것에 대해, 이 한 권의 잡지가 우리에게 가르쳐 주었다.

53) 자하 하디드(Zaha Hadid)
세계에서 가장 유명한 여성 건축가 중 한 명. 일본에서는 '데콘'이라고 불리고 있는 '탈구축주의적'인 참신한 디자인이 특징으로, 최근에는 세계 여러 곳에서 대형 건축을 설계하고 있다.

54) 베르나르 츄미(Bernard Tschumi)
렘 콜하스나 자하 하디드와 나란히 영국의 AA스쿨 출신의 세계적 건축가. 일찍이 언빌드의 건축가로서 세계적인 명성을 얻었지만 1983년에 라빌레트 공원의 콤페에서 승리한 후 실제 작품을 연이어 만들고 있다.

콤페의 심사라는 것은 방대한 제출물 중에서 가장 좋은 작품을 선택하는 행위를 통해서 스스로의 건축관을 다른 심사위원과 경쟁하고 납득시켜 누른다는 것으로, 확실히 설전의 장소라는 것을 배우게 된다. 우수한 건축가는 콤페의 심사라는 지위를 통해 건축을 직접 짓지 않고 건축의 패러다임을 변혁시키는 것조차 가능하다는 증거이다.

물론 이러한 콤페를 통한 패러다임의 변혁은 예정된 어울림으로 계획된 것이 아니라, 세계 속에서 콤페에 밀려드는 건축적 에너지가 소용돌이치는 축제적 상황이 뒷받침하고 있음에 틀림없다.

단, 나는 콤페에 참가한 것이 아니라 창밖에서 조망하는 입장이었다. 이 건축사조의 큰 이벤트에서 당사자로서 관계할 수 없었다는 것을 지금도 후회하고 있다.

국제 콤페에서만이 야기되는 건축사조의 축제적인 상황을 마음속으로 즐기는 것은, 당선이 되고 말고를 떠나 어쨌든 참가하는 것이 필수조건이다. 부디 동료를 모아 국제 콤페에 참가해보자.

Section 5-6

그룹으로 활동한다

혼자서는 할 수 없는 것도 동료가 있으면 가능하다.

'Web2.0'이라는 말을 들어본 적이 있는가? 당초에는 텔레비전과 같이 정보를 보내는 자와 받는 자가 고정되어 있던 인터넷(Web1.0)이 누구나가 정보를 발신할 수 있는 상황에 이르게 된 것을 가리키는 말이다. 웹을 사이에 두고 모두의 지혜를 모아 새로운 '집합지[55)]'를 만드는 것으로 사물(세상사, 매사)에 대처하려고 하는 사고방식이다.

여러 차례 써왔던 것이지만 건축은 혼자서는 할 수 없다. 평소에 집합지가 요구된다. 그룹으로 활동할 때에는 혼자서는 불가능한 영역에서 활동을 넓히는 것이 가능하다. 건축을 발신하는 활동도 동료가 있으면 서로 자극하는 가운데 사고가 깊어질 것이다. 역사와 과거를 돌이켜 보더라도 건축은 전문가 집단에서 발신된 것이 많았다. 지금은 Twitter를 통해서 지금까지는 만날 수 없었던 동료와의 활동도 현실로 다가왔다.

학생이나 젊은 건축가가 지금까지 결성해 온 그룹이나 유닛을 들어보자.

- 분리파 건축회

  1920년 졸업을 앞둔 동경제국대학(현. 도쿄대학)의 학생이 과거의 디자인 양식에서 분리해 새로운 디자인을 목표로 해서 시작된 운동. 일본 최초로 학생에 의한 건축디자인 운동이다. 모라구치 스테미, 야마다 마모투, 이시모토 모쿠시, 모리타 게이이치, 야마구치 분소우 등이 주요 멤버다.

55) **집합지(集合知)**
예전에는 여러 사람이 모여도 지혜는 높아지지 않았지만 인터넷의 발달에 의해 Wikipedia의 편찬작업 등 대부분의 사람들 모임에 의해 새로운 지적 작업에 관심이 전해지게 되었다. 이러한 여러 사람들이 정보를 공유하고 대화하는 것에서 생겨난 지적생산이 '집합지'라고 불리게 되었다.
『집단지성(The Wisdom of Crowds)』, 제임스 서로위키(James Surowiecki)著, (角川書店)

• 소주택 설계 만세

1958년 이소자키 아라타는 이토우와 팀을 짜 '소주택 설계 만세'라는 소논문을 발표해, '건축가가 막대한 에너지를 집중해 nLDK의 변화를 서로 경쟁하고 있는' 상황을 야유했다. 당시의 건축계에 물의를 빚은 소논문이라고 지금도 전해지고 있다. 이때 3명이 사용한 필명(pen name)이 '핫다리야(八田利也)'이다.

• 상설계집단(象設計集團)

1971년 요시자카 다카마사의 제자 5명이 집결해서 결성한 건축가 집단. 요시자카만의 특징을 가지고 훌륭한 조형과 함께 대표작인 나고 시청사 등에서 이미 1980년대부터 현재의 환경배려형 건축의 원형이라고도 말할 수 있는 것을 목표로 하고 있었던 것은 특필로 할만 하다. 현재도 멤버의 일부를 교체했지만 활동을 계속하고 있다.

• 국제 건축노트

1977년부터 1983년에 SD라는 건축잡지의 마지막 부분에 '국내 건축 노트'라는 칼럼이 게재되어 폭발적인 인기를 불러일으켰다. 당시 도쿄 대학의 연구실에 소속되었던 학생이 그룹 포스펙키오의 필명으로 집필한 것으로 다케야마 기요시, 구마겐고 등이 주요 멤버였다. 이 팀은 머지않아 학생건축가 팀의 주자인 건축조직 아몰프(Amorphe)를 조직하게 된다.

• 실러캔스 재학

Amorphe를 선배로 하는 도쿄대학의 연구실의 멤버가 1986년에 재학중에 개설한 설계팀. 현재도 몇 개의 팀으로 분할하여 활동을 계속하고 있다.

이후 학생이나 젊은 건축가가 그룹, 유닛을 짜서 활동하는 트렌드는 계속되고 있다. '미캉', '프로스펙터', 'O.F.D.A', '중앙 아키', 'TEAM ROUND ABOUT' 등, 다수 존재한다.

제❻장

건축의 넥스트 스텝

호키미술관(지바 현)
야마나시 토모히코+나카모토 다로+스즈키타카시+야노 마사노리/닛켄설계

'넥스트 스텝'을 향해 발을 내딛는 것을 생각한다

프로 건축가에게 있어서 건축을 배우는 것에 '끝'이란 없다.

본서는 건축전문교육을 받기 시작한 사람뿐 아니라 사회에 나가 건축가로서의 경험을 시작한 사람들도 대상으로 하고 있다. 공부를 이제 막 시작했는데 성급한 이야기를 해서 미안하지만, 이번 장은 다음 한 걸음을 어느 쪽으로 내디딜까를 생각하기 위한 것이다.

학생이라면 졸업 후에는 취직을 할까, 아니면 대학원에 진학을 할까, 혹은 유학이라는 선택지도 있다. 취직을 한 사람이라면 다음의 방향은 자격의 취득일지도 모르고 이직을 할지도 모른다. 학교로 돌아가거나 유학을 하거나 하는 선택지도 이후에는 늘어날 것임에 틀림없다.

물론 이러한 큰 변화가 아닌, 배우면서 그리고 일하면서 조금씩 프로 건축가의 길을 걷는 방법도 있을 것이다.

첫 장에서는 건축가에 보다 가까워지기 위한 넥스트 스텝에 관한 것이다.

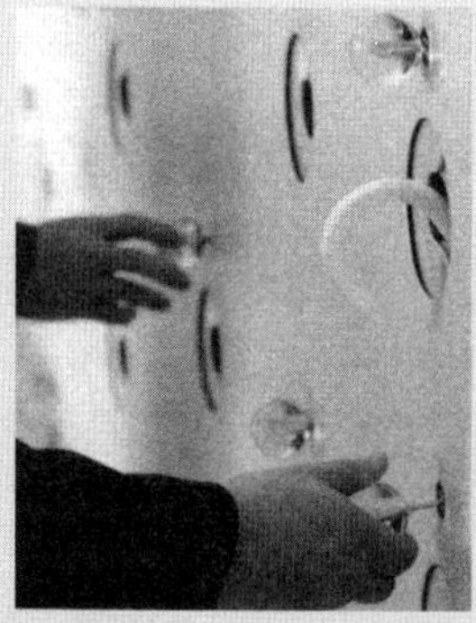

호키미술관

커리어

건축가가 되기 위한 길은 정말로 다양해졌지만 반대로 실력 중시의 시대가 되었다고 말할 수 있다. 유명 아틀리에에서 경력을 쌓아도 '건축가'가 될 수 없다. 경력은 쌓기 위한 것만이 아니며, 어디까지나 자신의 실력을 기르기 위한 것이라는 것을 마음에 새기자.

Section 6-1

대학원에 간다

목적, 목표를 가지고 대학원 생활을 보낸다.

프로 건축가를 목표로 하는 학생에게 있어서 대학원은 지금까지 좋은 의미로 일시정지의 장이었다. 건축계 대학의 4년간은 솔직히 과제에 쫓겨 매우 바쁜 나날이 계속된다. 따라서 대학원 석사 2년간은 대학 4년 동안 충분히 도전할 수 없었던 아이디어 콤페나 국제콤페, 교외활동, 설계사무소에서의 아르바이트 등을 비교적 여유가 있는 커리큘럼 속에서 각자의 목적이나 목표로 이어지는 도전을 할 수 있는 시간이었다.

이 자유로운 시간 동안의 경험은 의외로 큰 것이어서 취직시험 시의 대학졸업과 대학원졸업 학생에게 과제를 주고 설계를 시켜보면 놀랄 정도로 차이가 날 때가 많았다.

사실 내가 소속된 닛켄설계에서도, 의도하고 있는 것은 아니지만 설계과제의 결과를 중시할 경우 대학원생이 취직인원의 대부분을 차지하는 결과로 나타나고 있다. 2년간의 유예생활은 본인의 의식이 높으면 결코 헛되지 않는다고 나는 생각한다. 다만 뜻이 낮으면 쓸모없으며 돌이킬 수 없는 2년간으로도 바뀔 수 있다.

한편, 지금 대학원 교육은 기로에 서 있다. 글로벌화의 상황을 반영해서 일본의 건축교육을 세계 표준으로 하기 위한 UNESCO/UIA건축교육헌장[56]에 기초한 건축교육이 2009년부터 시작되었다.

56) UNESCO/UIA건축교육헌장
현재는 웹상에서 와세다 대학의 후루야 노부아키 선생이 번역한 것이 PDF로 돌아다니고 있다. 검색엔진에 'UNESCO/UIA건축교육헌장'이라고 치면 간단하게 검색결과가 나올 것이다. 5페이지 정도 분량의 내용이기 때문에 대학원에 가려고 생각한다면 한번 읽어보자.

기초가 되고 있는 건축교육헌장의 내용을 보면 글로벌화 하는 사회에서 통용되는 프로 건축가를 양성하는 측면이 강한 것으로서, 환영해야만 하는 내용으로 보인다. 하지만 이것을 받아 일본의 대학원이 얼마나 변해갈 것인가는 앞으로의 문제다.

이러한 상황 즈음에 대학원 진학을 생각한다면, 적어도 UNESCO/UIA 건축교육헌장으로도 눈을 돌려보고 싶다. 자신이 다니던 대학의 연구실에 에스컬레이터 식으로 진학하지 말고 타 대학 연구실도 비교 검토해보자.

공부해보고 싶다고 생각하는 연구실이나 대학원이 결정되어 있다면 강의 안내를 살펴보자. 요즘에는 많은 연구실의 강의 안내를 웹상에서 보는 것이 가능하다. 덧붙여 말하면, 강의 안내란 강의나 수업의 대부분의 내용을 보여주는 학습계획서이다. 지금은 일반적인 말로 되어 있기 때문에 학생이라면 들어본 적이 있을 것이다. 강의 안내의 충실한 정도는 연구실이나 대학원의 교육에 대해 일종의 지표가 될지도 모른다.

교수라 할지라도 교육에 열심인 사람과 그렇지 않은 사람의 차이점은 분명히 크다. 자신이 대학원에 진학하는 목적과 목표를 확실히 정해 그것에 맞는 교육을 받을 수 있도록 자신에게 맞는 연구실이 어디인지를 확인해서 진로를 결정하는 것이 좋다.

대학원에 진학할 때의 정보수집방법

□사전 정보수집이 중요하다

대학원 입시에 관해서는 대학마다 달라 일반인이 찾기 쉽지 않다. 게다가 외부 학생을 어느 정도 받을지, 시험에서 어떤 문제가 출제될지는 대학원마다 완전히 다르다.

정보를 모으지 않고 그냥 시험에 응시하면 결코 합격할 수 없다. 사전 정보수집은 필수사항이다.

□시험에 관한 정보를 얻는다

외부에서 대학원 시험에 응시하는 경우에는 연구실에 소속된 선배 등에게 시험에 관한 정보를 구할 필요가 있다. 대학원에서보다 아이디어 설계 시험을 중요시하는 곳, 포트폴리오를 중요시하는 곳, 영어를 중요시하는 곳 등 특징이 있다.

□학부의 교과서를 알아본다

대학원에서 출제되는 시험과목은 어학 이외에는 대부분이 전문과목이다. 그리고 전문과목의 출제는 당연하게도 그 대학의 학부에서의 교육내용이 기반으로 되어 있다. 대학 4년간 사용하는 전문과목의 교과서는 기껏해야 40권 정도로 3개월 정도면 독파할 수 있다. 입학 후의 기초지식 확보를 위해서라도 지원할 대학원의 학부용 교과서는 열심히 봐두도록 하자.

□인터넷에서 찾는다

건축계 대학원의 수험이라는 것은 상당한 핵심정보도 인터넷상에서는 이미 꽤 많은 양이 축적되어 있다. 옥석혼효(玉石混淆)이지만 관심을 가질 필요가 있다.

최근에는 각 대학이나 연구실도 많은 정보를 인터넷상에 공개하고 있다. 이들을 이용해서 효율적으로 수험대책을 세워보자.

Section 6-2

취직할 곳을 찾는다

자신이 다가가지 않는 한 유명사무소에는 들어갈 수 없다.

프로 건축가를 목표로 하는 데 있어서 취직은 단순히 수입을 얻는 장소가 아니라 학교 졸업 후 새로운 수행의 장소이다. 유명한 아틀리에에서는 학교로 구인 의뢰를 하지 않기 때문에 자신이 문을 두드리지 않으면 안 된다.

이토 도요[57]의 사무실을 예로 들어보자. 많은 학생들이 취직을 희망해서 스스로 지원하고 있다. 물론, 나카야마 히데유키처럼 이토가 심사위원으로 있었던 콩쿠르에서 제안받은 행운을 얻은 주인공도 있지만 이것은 정말로 드문 예일 것이다.

아틀리에는 물론, 저명한 대형설계사무소나 제네콘 설계부에서도 대학으로 전해지는 채용정보 이전에 인터넷 등에서 구인정보가 나와 많은 학생들이 경쟁해서 응모하는 것이 현실이다. 유명 아틀리에, 사무소, 제네콘 설계부를 목표로 할 경우에는 스스로 어프로치하는 것이 필수다.

57) 이토 도요(伊東豊雄)
일본을 대표하는 건축가. 비교적 초기의 '나카노혼쵸오(中野本町)의 집', 중기의 '실버하트', 그리고 '센다이 미디어테크'와 시대의 변천과 함께 작품의 느낌을 미묘하게 변화시키면서도 항상 일본만이 아닌 세계의 건축디자인을 리드하고 있다. 동시에 사무실의 졸업생부터 수많은 유명 건축가를 배출하고 있는 것에서도 알 수 있다. 세지마 가즈요도 그 중 한사람이다.

구체적인 지원방법에 관해 몇 가지 예를 들어보자.

• 아르바이트로 참여한다

비교적 사람수가 적은 아틀리에 사무소나 반대로 사람수가 많은 대형 설계사무소, 제네콘 설계부에서는 학생 아르바이트로 참여하면서 능력을 보여준 것이 계기가 되어 취업으로 이어지는 경우가 많다. 참여하는 방법에 관한 노하우는 82페이지를 참조한다.

• 오픈데스크나 인턴십

아르바이트에 이어서 이것도 설계사무소에 다이렉트로 지원할 수 있는 수단이다. 자신의 실력에 자신이 있어 소장이나 스텝의 관심을 끌 수 있다면 취직을 향한 지름길이 될 것이다. 한편으로는 아르바이트를 하든 오픈데스크나 인턴십을 하든 사무소 측에 실력을 전면 공개하게 될 것이기 때문에 양날의 검이 될지도 모른다.

• 인터넷을 본다

대부분의 대형설계사무소나 제네콘 설계부는 신입채용을 인터넷으로 하고 있다. 취직 시즌이 가까워지는 시기를 살펴 검색을 시작하자. 졸업연차 등 상세한 요건이 기재되어 있지만 어떤 사무소든지 인재 중심이기 때문에 다소 요건에서 빠지는 부분이 있다 하더라도 겁먹지 말고 응모해보자. 아틀리에 사무소의 오픈 데스크도 인터넷에서 모집되는 경우가 많다.

• OB · OG 방문을 한다

고전적인 수법이지만 비교적 닫혀 있는 사회인 프로 건축가의 세계에서는 비교적 유효한 지원방법의 하나이다. 안면 있는 선배가 있으면 물론이고 안면이 없어도 루트가 발견되면 적극적으로 지원해보자.

• 콤페 등의 기회에 지원한다

저명한 아틀리에 건축가나 대형설계사무소, 제네콘 설계부의 대표는 아이디어 콤페의 심사위원 등을 담당하고 있는 경우가 많다. 콤페에서 입상해 자신의 작품을 마음에 들어 하는 심사위원이 있는 곳이 마음에 두고 있는 사무소라면 적극적으로 지원해야 한다. 매우 좁은 길이기는 하지만…

프로 건축가를 목표로 하는 데 있어서 학생시절의 작품 포트폴리오, 콤페 등의 수상이력, 졸업설계 등의 성적이 무엇보다도 필요하다. 학생시절의 끊임없는 노력이야말로 목표로 하는 사무소를 향한 최단 코스일지도 모른다.[58)]

58) 학생시절부터 주목받았던 건축가
옛날에는 단게 겐조가 '대동아 건설기념영조계획 설계경기'에서 1위를 차지하여 학생이면서도 압도적인 존재감을 보여줬다는 말이 유명하다. 기타카와 다아츠시도 학생시절에 대형 콤페에서 입상하였고 학생이면서 단게 겐조에게 인정받는 등 재학시절의 콤페에서 두각을 보인 건축가는 적지 않다.

취직시험을 치른다

실패는 용서되지 않기 때문에 정보수집이 더욱 중요하다.

희망하는 직장을 찾고 있을 경우, '지정 학교' 또는 '각 대학에서 일정 인원수를 뽑는' 것을 원칙으로 하고 있는 사무소 등과 만나게 된다. 이러한 사무소는 가장 돋보이는 개인의 능력을 간파할 능력이 없기 때문에, 당신이 지정 학교의 학생이라도 (아니면, 지정 학교로부터 벗어나 있다면 더 더욱) 그런 사무소는 이쪽에서 거절해야 할 것이다. 신입사원에 대해 인내를 가지고 보는 것을 포기하는 사무소에게 내일은 없다.

시험 그 자체의 정보수집이 단기 전략으로는 중요하고 필요할 것이다. 하지만 여기서 말하고 싶은 것은, 직장이 어떤 이념으로, 어떤 작품을, 어떤 장소에서 만들고 있는가에 대한 정보를 수집하길 바란다는 것이다.

아틀리에 사무소라면 수년 후에 독립하는 것을 전제로 한다. 또한 학생 시절에는 아틀리에 사무소의 업무에 대해 건축잡지 등을 통해서 자주 보았기 때문에 가늠할 수 있게 된다. 그러나 취업시기가 되어 갑자기 닛켄설계처럼 대형설계사무소나 다케나카 공무점 같은 제네콘 설계부에 마음이 끌려 그곳을 목표로 하는 사람도 많다.

하지만 많은 학생들이 아틀리에와 대형설계사무소, 그리고 제네콘 설계부의 차이도 잘 모르고 있다. 또 같은 제네콘 설계부라 해도 건축디자인에 대한 대처가 매우 다른데, 그 다른 점도 이해하고 있지 못한 경우가 많다. 특히 대형설계사무소나 제네콘 설계부는 이직률도 낮고 평생직장이 될 가능성도 높은데, 그 디자인 경향이나 작품조차 충분히 알지 못하고 대형설계사무소라는 카테고리나 제네콘 설계부라는 카테고리, 그리고 그중에서는 이들 양쪽을 함께 섞어 입사시험을 보는 사람도 있다.

프로 건축가를 목표로 한다면 자신이 입사를 검토하고 있는 회사를 건축디자인이라는 시야에서 찾고, 보고, 음미하기 바란다. 아틀리에 사무소, 대형설계사무소, 제네콘 설계부 이외에도 부동산회사나 하우징 제조업체 등 수많은 프로 건축가의 업무가 존재한다(각각의 차이의 개략은 본서 27 페이지를 참조하기 바란다). 자신이 하고 싶은 일을 어디에서 실행할 수 있는가를 정확하게 파악하고 취직시험에 임하기 바란다.

그렇게 말해도 취직시험에 앞서 어떤 일을 하고 있는지 알고 싶어하는 사람도 많을 것이다. 이념도 중요하지만 취직시험에 임박해서 준비하는 학생에게는 눈앞의 시험을 통과하는 것이 급선무다.

취직시험의 내용 ~최근의 경향~

시험은 사무소에 따라 내용도 채점의 기준도 완전히 다르다.
여기서는 어디까지나 일반적인 내용을 소개한다.

□응모서류

간이 포트폴리오의 첨부가 요구될 경우, 그것이 승패를 결정한다고 생각해도 좋다. 시험관이 우선은 '만나고 싶다'라고 생각될 정도로 쉬운 임팩트가 있는 포트폴리오가 요구된다.

□성적

상당히 낮은 성적이 아닌 한 학과의 성적은 큰 문제가 되지 않는다. 기껏해야 영어 실력을 점검하는 정도이다. 하지만 설계 성적은 상세하게 점검하고 있으므로 비중이 크다.

□졸업설계

많은 사무소에서는, 특히 대학원생을 보는 경우에는 졸업설계의 완성도가 합격 유무에 있어서 큰 비중을 차지하는 경우가 많다.

□과제 포트폴리오

프로 건축가가 학생을 채용하는 이상 가장 중점을 두게 되는 부분이다. 포트폴리오를 정리하는 방법 자체에도 센스가 배어 있기 때문에, 단지 작품을 정리한다고 되는 것은 아니다.

□아이디어 설계

DTP기술의 발달에 의해 포트폴리오의 질이 향상되고 있기 때문에 설계과제를 정리하는 능력을 확인하기 위해 많은 사무소가 아이디어 설계를 부과하고 있다. 마지막 결과물과 마찬가지로 검토 중의 에스키스도 중요한 평가대상이 된다.

□면접

인품과 작품의 해설을 본다. 설계가 팀 작업인 이상 '함께 업무가 가능한 사람인가'라는 점은 어느 사무소든 중시할 것이다. 또한 졸업설계나 취업용 아이디어 설계 그리고 포트폴리오를 적절하게 지정시간 내에 설명할 수 있는가 등의 능력도 점검된다. 양쪽 다 비중이 크다.

□아이디어 콤페

평가가 나뉘는 곳. 상위 입상횟수보다도 제안의 완성도가 자신의 사무소의 가치관에 맞는가를 보는 곳이 많다.

직장이 어떤 일을 하고 있는가를 알아보는 골자

직장이 어떤 분위기인가는 아르바이트를 해보면 알 수 있다. 어떤 일을 하고 있는가는 아래의 정보를 보면 개략적인 부분을 파악할 수 있을 것이다.

□일본건축학회 작품상, 좋은 작품으로 선정된 것을 본다

일본건축학회의 작품상은 일본에서 가장 권위 있는 건축디자인상이라고 해도 과언이 아니다. 또한 작품 선택은 그 후보가 되고 있는 작품이다. 과거 10년 정도를 뒤돌아보면 일본의 건축디자인의 정점이 어디에 있는가를 볼 수 있다.

□일본건축대상의 작품을 본다

일본건축가협회가 선정하는 일본건축대상은 역사가 짧다. 일본건축학회의 작품상과 나란히 하는 중요한 상이다. 일본의 건축디자인의 정점이 어디에 있는가를 알아보는 데에는 최근 수년의 수상작품을 찾아보면 된다.

□건축잡지

많은 사람들이 구독하고 있는 일본의 『신건축(新建築)』, 『주택특집(住宅特集)』, 『GA JAPAN』 등을 과거 10년분 정도를 한꺼번에 쌓아놓고 보자. 마음에 들었던 작품에 포스트잇을 붙이면서 보다 보면 무의식중에 자신이 목표로 하고 싶은 일의 영역과 그것을 하고 있는 사무소가 떠오를 것이다.

□설계사무소 랭킹

대형설계사무소를 목표로 하고, 또 거기에서 업무를 일생의 업무라고 생각한다면 사무소의 규모나 안정도도 신경 쓰일 것이다. 건축디자인의 세계에서는 대부분의 사람이 신경 쓰지 않은 정보이지만 일을 의뢰하는 클라이언트에게는 중요한 정보이기도 하다.

『닛케이 아키텍처』가 매년 실시하고 있는 설계사무소의 순위를 보면 국내 중요사무소나 제네콘 설계부의 업무량, 특기 분야 등을 한눈에 볼 수 있다.

□JIA신인상, SD리뷰

지금부터 성장해가는 아틀리에 사무소를 선택하기 전에 일본건축가협회가 매년 선정하고 있는 JIA신인상이나 SD리뷰의 수상자를 검토해보자.

Section 6-4

해외유학을 간다

건축가의 시장은 세계로 펼쳐지고 있다.

일본의 건축 비즈니스는, 유감스럽게도 고도경제 성장기나 버블기에 보여준 것과 같은 활기를 맞이하는 일은 이제는 없을 것이다.

일본 내의 업무가 한계점에 도달된 데 비해 우리들의 주요한 업무의 시장은 해외가 될 것이라는 의미다. 이미 유럽이나 미국의 설계사무소, 제네콘에서는 일본 이상으로 많은 해외 업무를 행하는 것이 당연시 되고 있기 때문에 일본 건축디자인 비즈니스도 차츰 성숙기를 맞이하는 것으로 파악해야만 할 것이다. 특히 중국이나 베트남, 태국, 그리고 인도 등의 국력이 신장되고 있다는 것은, 동시에 아시아가 우리 업무의 시장이 된다는 것이다. 중동이나 러시아도 일시적으로 주춤하지만 염두에 두고 있어야 할 시장이라고 말하고 싶다.

글로벌화의 영향은 해외 업무만으로 그치지 않는다. 일본 기업의 대표가 외국인으로서 커뮤니케이션을 위해 영어가 요구되고 있는 것도 이상한 일이 아니다.

우리의 전문은 국내 업무이지만 클라이언트에게 프레젠테이션을 요구받는 경우, 영문 메일을 쓸 기회 그리고 해외출장업무가 매달 몇 번씩 날아들어 오는 상황이다. 물론 사무소 안에서는 해외 업무를 전문으로 담당하고 있는 부서도 있다. 하지만 국내 전문인 나조차 이런 상태이기 때문에 그들의 상황은 미루어 짐작해서 알 수 있는 것이다. 유학경험이 없는 나는 솔직히 온갖 고통의 나날을 보내고 있다. 이것이 건축계의 현상이다. 이제 유학은 글로벌화 되고 있는 건축디자인 비즈니스에 있어서 필수 불가결한 능력을 몸에 익히는 현상으로 변화해가고 있다.

IDEO 샌프란시스코 사무소에서의 토론 풍경

영어가 가능한 것만으로는 안 된다. 영어를 수단으로 하여 건축디자인을 추진할 수 있는 능력이 요구되고 있다. 해외유학은 건축디자인을 배우는 데 있어 당연한 선택지의 하나가 되었다.

Section 6-5

자격을 취득한다

1급건축사[역자주]의 자격은 프로의 필수조건이다.

프로 건축가를 위한 대표적인 자격이 '1급건축사'다. 이것만 가지고 있으면 법규상의 어떤 규모의 설계라도 수주하는 것이 허락되는 만능 면허다. 예전에는 가지고 있어도 어디에도 쓸모없는 것의 대표적인 자격이었으나, 아네하 문제*의 발각 이후 자격운용의 엄격화가 움직이기 시작해 1급건축사 자격을 가지고 있는 것이 프로 건축가로서의 필수조건이 되고 있다.

한편으로는 합격하는 데에 그 나름의 노력이 필요하다. 최근 수년 동안 10명에 한 명 정도의 합격률을 보이고 있다. 내 주변을 봐도 반년 정도의 수험준비 프로그램을 마련한 학원에 다녀 겨우 취득하고 있는 사람이 많다. 각오를 다져 집중해서 공부하고 빨리 취득하도록 하자.

그렇다면 1급건축사 자격을 취득하는 방법은?

1급건축사 취득에는 학력, 실무경력, 학과시험의 합격, 국가시험의 합격, 등록이라는 순서를 밟지 않으면 안 된다. 여기서는 그 순서에 따른 조언을 보여줄 것이다.

* 2005년에 일본 지바 현에 있는 아네하 건축사무소가 내진강도를 위조했던 사건으로 내진강도 위장문제라고도 불린다.

역자주: 1급건축사
일본의 경우 다룰 수 있는 규모에 따라 건축사가 1급과 2급으로 나누어져 있지만 한국은 건축사로 통합하여 운영하고 있다.

1. 수험에 필요한 학력과 실무경력

'국토교통장관이 지정하는 건축에 관한 과목(지정과목)을 익히고 졸업' 할 필요가 있다. 우선 자신이 졸업한 대학이 이것에 맞는지의 확인이 필요하다. 또 교육기관에 따라 필요한 실무경력 연수가 다르다.

4년제 대학 + 실무경력 2년 이상
3년제 단기대학 + 실무경력 3년 이상
2년제 재학 + 실무경력 4년 이상
고등전문학교 + 실무경력 4년 이상
2급건축사 + 실무경력 4년 이상
건축설비사 + 실무경력 4년 이상

덧붙여 말하면, 대학원의 2년간을 실무경력으로 인정받을 수 있는 것은 실무연습(인턴십[59])에서 필요한 단위수를 취득할 필요가 있다.

2. 학과시험

계획, 환경, 설비, 법규, 구조, 시공 5개의 과목시험이 부과된다. 유감스럽게도 학교에서의 수업이나 실무에서의 경험과는 다른 1급건축사 수험만을 위한 공부가 필수다.

내가 공부할 때에는 교재를 구입해서 혼자 공부해도 충분했으나 최근에는 그것만으로는 어려워져 학원에 다니는 사람도 많다고 한다. 학과시험에 합격하지 않는 한 설계시험에는 응시할 수 없다.

59) 인턴십
재학 중인 학생이 일정기간 기업 등에서 근무하고 취업체험이 가능한 제도.
취직할 곳을 결정하기 전에 업무내용, 직장의 분위기 등을 알 수 있다.

3. 설계시험

매년 다른 과제가 출제되어 즉석에서 제한된 시간 내에 설계하여 기본 설계 수준의 도면을 손으로 그린다. 시험문제의 개략이 수험 수개월 전에 보이기 때문에 그것에 맞춰 준비한다.

채점기준은 설계이론보다도 법규 준수에 있는 것이 특징이다. 여기도 최근에는 혼자서 수험준비를 하는 사람은 적고 학원에 다니거나 모의시험을 보거나 하여 수험에 대비하는 사람이 많다.

내 경우에는 수험이 지금에 비해 간단했기 때문에 실기시험 준비라고 해도 공개 모의시험에 응시해보는 정도였다. 모의시험은 실기의 시간배분이나 속도에 대한 느낌을 알 수 있기 때문에 본 시험 전에 응시해보는 것을 권한다.

최근에는 실기시험의 난이도도 높아졌다고 하고, 필기시험뿐만 아니라 많은 사람들이 전문 예비학교에 다니면서 시험에 대비하는 경우가 많은 것 같다.

Section 6-6

이직한다

앞으로는 인재의 유동화가 반드시 시작된다.

프로 건축가의 세계는 아직은 도제제도[60]라고 해도 좋을 정도의 관습이 남아 있다.

대학원을 졸업한 후 아틀리에 사무소나 대형설계사무소, 제네콘 설계부에 취직해도 '수습'이라고 일컫는 극히 저임금의 장기간 노동을 했던 시절이 있었다(사실은 지금도 있다).

이들 삼자의 경력은 고립되어 있고 상호 교류가 드물다. 아틀리에에 소속되면 수년간의 수련기간을 거친 후 자신의 사무소를 개설하는 것이 왕도였다. 사회에 실적을 남기면 대학에서 교편을 잡기도 한다. 하지만 건축가로서 실적을 남기지 않고 대형사무소나 제네콘 설계부의 업무를 하청받고 있는 아틀리에 사무소도 다수 존재했다.

한편, 대형설계사무소나 제네콘 설계부에서는 독립이라는 선택지를 선택하는 일부의 예외를 제외하고는 일생을 그 조직 내에서 지내는 사람이 많다. 사원의 대부분이 신입사원부터 순수하게 양성되고 있으며 중간에 입사하는 경우는 적다.

60) 도제제도(문하생제도)
건축계에는 지금도 도제제도라고도 부르는 스승과 제자의 관계가 현저하게 남아 있다. 일부 대학의 연구실에서는 연구실에 들어감과 동시에 교수의 제자로서 여러 가지 프로젝트를 맡는다고 한다. 하지만 도제성이 현저히 남은 것은 아틀리에 계통의 사무소일 것이다. 소장이 일을 통해서 건축디자인에 대해 직원에게 가르치고 직원은 거기에서의 수행을 마치고 떠나는 식의 프로세스가 지금도 많은 아틀리에 사무소에서 반복되고 있다.

프로 건축가로서 무르익은 50대가 되면 슬슬 관리직으로 올라가지 않을 수 없다. 건축가로서의 세파가 없는 대신 밀물이 밀려오는 시기도 빠르다. 이것이 일본 프로 건축가의 세계였다.

그런데 최근 수년 동안 회사 정세, 경제 정세, 그리고 교육계의 변화에 의해 고정적이라고 생각되었던 프로 건축가의 세계가 급속하게 변질되고 있다고 느끼고 있다.

세계적인 불황에 의해 해외의 저명한 설계사무소에서 경험을 쌓은 인재가 일본으로 돌아와 대형설계사무소나 제네콘의 설계부에 문을 두드리고 있다. 중도 채용으로 토박이 이상으로 우수한 스텝을 얻을 수 있다는 것을 이해한다면 일본의 저명한 아틀리에 사무소 출신도 대형설계사무소나 제네콘 설계부에서 중도 채용을 하게 된다. 사실 우리 설계팀도 팀원의 40% 정도는 이러한 (아틀리에나 해외사무소에서의) 중도입사 팀이다.

한편, 대형설계사무소나 제네콘에서 나와 아틀리에 사무소에 입사하는 사례는 적으나 좋아할 일은 아니다. 또 대형설계사무소에서 나와 개인 아틀리에 사무소를 세운 인재와도 좋은 협력을 계속하는 사례를 볼 수 있게 되었다.

하지만 많은 대형설계사무소, 제네콘 설계부에 노동시간의 관리에 대해서 정부로부터 강한 요청이 전해지게 되었다. 업계의 상식이 사회에 통용되는 시대는 아니게 되는 것이다. 보다 상식적인 노동시간 속에서 건축디자인을 성립시킬 수 있도록 업무의 구조나 순서의 개혁이 필요해지고 있다.

대학 내에서도 실무교육이 보다 중시되는 시대가 되었다. 아틀리에계의 건축가에 더해져 우리 대형설계사무소나 제네콘 설계부의 인재가 대학교육에 관계를 맺을 기회가 늘어나고 있다. 대형설계사무소에서 대학의 교원으로 채용되는 사람도 늘어나고 있다.

프로 건축가의 인재 유동화가 빠른 속도로 시작되고 있다.

앞으로는 학교를 졸업한 후 아틀리에계 사무소, 대형설계사무소, 제네콘 설계부, 그리고 교육기관에 걸친 다양한 경력의 경로 형성의 가능성이 넓어질 것으로 생각한다.

대학원에 눈을 돌려봐도 그렇다. 일본에서는 대부분의 대학원생이 대학에서 곧바로 진학을 해왔다. 건축계의 대학원에 한해서 보면 구미의 대학원은 한번 사회에 나간 후 대학원으로 돌아오는 학생이 다수 있다. 즉, 구미의 대학원은 그 구성원이 일본의 그것에 비해 매우 다양한 상황을 가지고 있는 것이다.

이렇게 생각하면, 일본의 건축디자인 실무계도 이제 겨우 다양성이 시작되고 있는 시대로 변화해가는 것일지도 모른다. 다양성이 늘어난다는 것은 건축디자인을 추구하는 데의 경로가 늘어나는 것이기 때문에, 새로운 디자인, 새로운 방법론, 새로운 건축 비즈니스의 발전을 향한 최적의 방향이라고 생각된다.

지금부터 건축디자인을 배우는 학생과 지금 확실히 프로 건축가의 세계의 문 앞에 서 있는 사람들에게 눈앞에 다양한 가능성이 넓어지기 시작하고 있다는 것을 전하고 싶었다.

에필로그

호키미술관의 BIM에 의한 도면

에필로그

에필로그를 대신해서 내가 어떤 환경에서 일을 하고 있는 '프로 건축가' 인지 자기소개를 하고 싶다.

내가 소속된 닛켄설계는 1900년에 창업하였다. 현재는 1,000명 이상의 사원을 보유한 '대형설계사무소'이다.

나의 위치는 '프로젝트 관리자'로 설계스텝을 거느리고 건축설계라는 업무를 행하며, 구조설계와 설비설계를 전반적으로 총괄하여 매니지먼트하는 역할이다. 이른바 '건축가'라고 불리는 사람들과 업무의 내용은 거의 같다.

이미 10년 정도, 이런 소임을 맡아 야마나시 설계실이라는 설계팀을 이끌어왔다. 맡고 있는 스텝의 수는 그때그때 바뀐다. 적을 때는 5명 정도, 많을 때는 40명 가까이 되고, 현재는 그것이 한층 더 확대되어 약 100명의 야마나시 그룹(모두 건축설계자)이라는 팀을 모아 업무를 하고 있다.

사무소에서의 분위기를 말로 전하는 것은 어려우나, 대학원 연구실에서 약간 나이든 느낌의 대학원생(스텝), 그리고 거기에 약간 더 나이든 느낌의 조교(나)가 있어서 교수님이 안 계실 때 정신없이 설계작업을 하고 있다 …… 라는 느낌이 가장 가깝다.

유감스럽게도 나에게는 교수로서의 위치를 차지할 정도의 카리스마나 위엄은 없으며, 따라서 디자인의 방향성을 정하는 경우에도 나의 의견이나 주장이 일방적으로 통할 리는 없다. 스텝과의 회의 중에는 왠지 경직되는 듯한 업무 진행으로 바뀌므로 반드시 업무는 화기애애한 분위기 속에서 진행하려고 한다.

많은 프로젝트는 나를 포함해 3명 내지는 4명 정도의 멤버로 팀을 만들어 디자인을 진행해 나간다. 프로젝트의 진척에 따라 여기에 베테랑 실시설계의 프로를 더하거나 우수한 CAD오퍼레이터를 더해서 보강하지만, 실시설계를 포함해 모두 팀 내에서 도면 그리기를 마치는 것이 기본이다.

직접 다루는 규모도 크기가 다양한데, 예를 들면 JIA의 신인상을 수상한 진보쵸 시어터 빌딩(도쿄 도 치요다 구)은 극장으로 1,000m^2 정도, MIPIM Asia에서 대상을 수상한 목재회관(도쿄 도 고토 구)은 오피스빌딩으로 5,000m^{2}를 넘는 규모이다. 현재 건축 중인 W 프로젝트(도쿄 도 시나가와 구)는 연구개발형 오피스로 10만m^{2}를 넘고 있는 한편, 호키미술관(지바 현)은 3,000m^2 정도로 규모나 건물 종류도 확실히 천차만별이다.

작품의 발표에 임해서도 함께 핵심이 되는 아이디어를 생각한 스텝과 잇따라 발표하고 있는 것도 아틀리에 사무소와는 다른 팀워크 기반의 대형설계사무소만이 가능한 것이다.

또 하나의 특징은 컴퓨터를 시작으로 하는 IT를 적극적으로 도입하고 있는 점이다. BIM이나 시뮬레이션, 컴퓨터를 사용한 형태생성을 실험적인 것이 아닌 실무 속에서 적극적으로 사용하는 것을 프로젝트에서 하고 있어, 그것을 매뉴얼화 하거나(Google SketchUp 슈퍼매뉴얼), BIM에 관해서 책을 출판하거나(BIM 建設革命 / 한국출판 : BIM 건축혁명, 기문당) 하는 등의 활동도 동시에 하고 있다.

우리 팀에서는 1, 2년에 1명의 비율로 대학원을 나온 지 얼마 안 되는 신입사원이 배속되어 온다. 아틀리에 사무소와 가장 다른 것은 배속되어 온 신입사원이 나의 작품이 좋다거나 나를 존경하고 있다거나, 이런 관계가 전혀 없이 공동작업이 시작되는 것이다. 그러므로 관계를 쌓기 위해서라도 신입사원에게는 비중 있게 관련된 가장 강렬한 프로젝트 팀에 참가시킨다. 이것은 중도입사의 경우에도 마찬가지다.

이 책의 대부분의 내용은 이러한 환경하에서 신입사원과 함께 업무를 하는 사람들에게 의견을 듣는 것이나, 의견을 말하고 싶지만 말할 기회를 놓친 것을 모은 것이라 말할 수 있다.

그 밖에도 신입사원 채용 담당을 하고 있기 때문에 많은 학생과 신입사원 후보와 접할 기회가 있다. 본서 중에는 이러한 기회에 많은 학생과 접하고 있어 느낀 것도 피드백할 생각이다. 모든 것을 교육하는 것이 아니라 학생을 프로 건축가의 예비자로서 받아들이는 시점에서 느낀 것이 기본이라고 말할 수 있다.

실무 측면에서 말하면, 실무의 세계에 들어가면서부터 성장하게 되는 것은 학생시절에 키워온 광범위한 호기심과 건축적인 기초지식이라고 생각하고 있다. 이러한 기초지식을 기반으로 얼마나 광범위하게 활발한 네트워크를 넓혀갈 수 있을지가 현대의 프로 건축가에게 가장 필요한 것이라고 생각하고 있다.

그렇다 하더라도, 본서의 내용은 나 개인의 경험을 기초로 한 것이기 때문에 대형설계사무소나 제네콘의 설계부 등의 팀에서 설계를 행하는 입장을 목표로 하는 사람에게는 적합할 것이라고 생각한다. 한편, 아틀리에 계통을 목표로 하는 학생이나 아틀리에의 신입사원, 노련한 건축가가 보면 중심에서 벗어나는 점도 있을 것임에 틀림없다.

말하자면 '대형설계사무소의 입문은 이러한 것을 생각하고 있는 것일까'의 시점에서 본서를 읽는다면 도움이 되지 않을까 라고 생각하고 있다.

본편에서도 썼지만 건축디자인의 세계에서는 '건축가'라는 말은 너무 무겁고 숭고한 말로 느껴진다. 세계적인 스타 건축가가 되기 위한 책은 쓸 수 없지만 프로로서 실제 사회에서 활동하는 건축가를 목표로 하는 사람들에게 매뉴얼이 되는 것이라면 쓸 수 있을 것 같다 라고 생각해 본서를 정리해보았다.

프로 건축가를 목표로 하는 분들에게 조금이라도 유용한 것이 된다면 기쁠 것이다.

찾아보기

ㄱ

가시화(visualize) 87
감리 36
감리단계 203
같은 스케일(same scale) 117
건축설계자 24
고지마 가즈히로 65
구조가 · 구조디자이너 28
구조설계자 24
기본계획도 182
기본설계도 182

ㄴ

난바 가즈히코 50
니시자와 류에 124, 126

ㄷ

다이어그램 121
단게 겐조 28, 169, 232
단면도 134, 140
대형설계사무소 29
디지털 목업 207

ㄹ

랜드스케이프 디자이너 26
렘 콜하스 64, 121, 220

ㅁ

마루야마 게자부로 126
모델링 94, 173
목업(mock up) 206
문제 설정 105, 171

ㅂ

방연구획 196
방재계획가 26
방화구획 194
배치도 133, 140
베르나르 츄미 220
부지 95, 184
브레인스토밍 111
비주얼라이즈(visualize) 190

ㅅ

사리넨(Saarinen) 95
상세도 135
서브콘 32
설계도서 137
설비설계자 24
세지마 가즈요 65, 124, 150
수직조닝 107
수평조닝 107
스터디 모형 149
시공도 205
시뮬레이션 190
신건축학대계 19
실시설계도 138, 183, 204

ㅇ

아이디어 설계 168
아틀리에 사무소 27
안내도 133
안도 다다오 77
암묵지 7
얼터너티브(ALT) 125
영선 31
오픈데스크 83, 231
우라 가즈야 74, 76
이가라시 다로 86, 126, 170
이소자키 아라타 220, 223
이토 도요 230
인턴십 83, 240
인테리어 디자이너 26
인허가 신청 197
인허가 신청도서 183
일본건축학회 19
입면도 135, 140

ㅈ

자하 하디드 220
저널리스트 87
제네콘 32
제네콘(Genecon) 설계부 30
조명 디자이너 26
졸업설계 170

ㅋ

코르뷔지에 68, 78, 123
코어 스킬 87
콘셉트 119
콘셉트 시트 132
클라이언트 180

ㅍ

파사드 엔지니어 26
평면도 134, 140
포트폴리오 164
프레젠테이션 162, 210
프로그래밍 103
프로젝트 매니저 26
필리포 브루넬레스키 149

ㅎ

하야시 쇼우지 29, 65
하우징 업체 31
현지조사도 184
후지모토 소스케 126, 150
후지무라 류지 150, 214

기타

1급건축사 239
2차원 CAD 143
3차원 CAD 147
ArchiCAD 147
BIM 145
CAD 141
Google SketchUp 148
JABEE 22
Revit Architecture 147
Rhinoceros(라이노) 147
UNESCO/UIA 건축교육 헌장 22
UNESCO/UIA건축교육헌장 227

설계자, 촬영자, 도면에 관해

- 진보초 시어터 神保町ツアター
  클라이언트 : 小学館
  설계 : 닛켄설계 (건축설계 담당 : 山梨知彦＋羽鳥達也)

- 노무라공예사 본사 빌딩 乃村工芸社本社ビル
  클라이언트 : 乃村工藝社
  설계 : 乃村工藝社 + 大林組 + 닛켄설계 (건축설계 담당 : 山梨知彦＋芦田智之＋勝失武之)

- 호키미술관 ホキ美術館
  클라이언트 : 保木美術館
  설계 : 닛켄설계 (건축설계 담당 : 山梨知彦＋中本太郎＋鈴木隆＋失野雅規)

- 목재회관 木材会館
  클라이언트 : 東京木材問屋組合
  설계 : 닛켄설계 (건축설계 담당 : 山梨知彦＋勝失武之)

- (板称) W Project (2011년 준공예정)
  클라이언트 : 某社
  설계 : 닛켄설계 (건축설계 담당 : 山梨知彦＋羽鳥達也＋石原嘉人＋川島範久)

- 野田東德 (雁光舍) 촬영사진
  p.7, 16, 44 89, 94, 120, 179, 180, 193③, 217, 225, 226

- 山梨知彦 사진촬영
  p.15, 25, 31, 43, 156, 207, 238

- 그 외의 사진과 도면 제공 닛켄설계

저자 / 야마나시 토모히코(山梨知彦)

1960년 요코하마 출생
주식회사 닛켄설계 설계부문 대표
1984년 도쿄예술대학 미술학부 건축과 졸업
1986년 도쿄대학 대학원 공학계연구과 도시공학전공(석사과정 수료)공학석사
1급건축사
JIA 등록건축가
1986년 닛켄설계 입사 오피스, 집합주택, 학교 등의 설계에 참여
BCS상, 도쿄건축상, 일본건축사회연합회상, 중부건축상 등 다수 수상

저서
[Google SketchUp 슈퍼매뉴얼], [BIM건설혁명], [오피스북](彰國社 공저) 등

주요 작품
스미토모 부동산 이이다바시 퍼스트 빌딩 / 퍼스트힐즈 이이다바시(BCS상)
토호오케스트라 아카데미(중부건축상)
호기메디컬 본사 빌딩(도쿄 건축상)
르네 아오야마 빌딩(조명학회 조명디자인상)
토호 ANNEX(굿디자인상)
록 빌레이 빌딩(일본건축사회 연합회상)
월드 시티 타워즈(굿 디자인상)
진보초 시어터 빌딩(SD리뷰)
노무라공예사 본사빌딩(아시하라 요시노부상 장려상)
목재회관(MIPIM Asia대상)
호키 미술관 등

역자 / 김명근

2004년 단국대학교 대학원 졸업(공학석사, 건축계획 및 설계)
2008년 건축사 / 건축시공기술사
현재 EREZ건축사사무소(EREZ architects+BIM technology) 대표
(주)코스펙빔테크 BIM기술연구소장
경민대학교 건축인테리어학부 겸임교수
대한건축사협회 정회원
대한건축사협회 BIM전문연구위원
한국기술사회 정회원
〈주요 참여프로젝트〉
공동주택 BIM 활성화방안 및 지침마련연구
학교시설 BIM 활용방안 및 설계지침개발연구
한국교육개발원 본원 신청사 BIM 적용지침 개발 및 자문 용역
한국건설기술연구원 BIM데이터 구축
세종시 임차청사 시공 BIM 구축
세종시 행정지원센터 시공 BIM 구축 외 다수
〈역서〉
BIM 건축혁명(기문당)

건축가를 꿈꾸는 20대를 위한
프로 건축가가 되는 길

2014년 2월 20일 1판 1쇄 인쇄
2014년 2월 25일 1판 1쇄 발행

저자 | 야마나시 토모히코
역자 | 김명근
발행인 | 강해작
발행처 | 기문당
주소 | 서울시 성동구 무학봉 28길 4-1(왕십리동 966-22)
전화 | 02) 2295-6171(代)~5
팩스 | 02) 2296-8188
출판등록 | 1976. 10. 7(1-44)
홈페이지 | http://기문당
http://www.kimoondang.com
ISBN | 978-89-6225-561-4 93540

정가 | 15,000원

이 도서의 국립중앙도서관 출판시 도서목록(CIP)은 서지정보유통지원시스템 홈페이지(http://seoji.nl.go.kr)와 국가자료공동목록시스템(http://www.nl.go.kr/kolisnet)에서 이용하실 수 있습니다.
(CIP제어번호: CIP2014003208)